周重林 李乐骏 著

茶叶江山

我们的味道、家国与生活

北京大学出版社
PEKING UNIVERSITY PRESS

图书在版编目（CIP）数据

茶叶江山：我们的味道、家国与生活/周重林，李乐骏著. —北京：北京大学出版社，2014.12

ISBN 978－7－301－24927－7

Ⅰ. ①茶…　Ⅱ. ①周…②李…　Ⅲ. ①茶叶—文化—中国

Ⅳ. ①TS971

中国版本图书馆 CIP 数据核字（2014）第 228610 号

书　　　名：茶叶江山：我们的味道、家国与生活

著作责任者：周重林　李乐骏　著

策 划 编 辑：冯俊文　曾　健

责 任 编 辑：陈蔼婧

标 准 书 号：ISBN 978－7－301－24927－7/K·1067

出 版 发 行：北京大学出版社

地　　　址：北京市海淀区成府路 205 号　　100871

网　　　址：http://www.pup.cn　http://www.yandayuanzhao.com

新 浪 微 博：@北京大学出版社　@北大出版社燕大元照法律图书

电 子 信 箱：yandayuanzhao@163.com

电　　　话：邮购部 62752015　发行部 62750672

　　　　　　编辑部 62117788　出版部 62754962

印 　刷 　者：北京中科印刷有限公司

经 　销 　者：新华书店

　　　　　　880 毫米×1230 毫米　A5　6.75 印张　162 千字

　　　　　　2014 年 12 月第 1 版　2015 年 9 月第 34 次印刷

定　　　价：39.80 元

序言　一杯茶的力量

　　2014 年 7 月 22 日下午 6 点 42 分，拉萨大昭寺门口，夕阳下熬茶的大铜锅泛着金光。似乎感觉到它传导过来的热量，我忍不住把手指收回裤袋。远远退开，发现这两口大锅就像许多汉地寺院的鼎，或大户人家的狮子，傲立在大昭寺门口，时时守卫着身后的领地。

　　扎堆朝拜的人们，几乎人手一部手机或相机，里面装满了对这片土地的惊奇与赞叹。但少有人会问询，这些锅到底是用来做什么的。看着人潮往来，我脑海里掠过的却是这样一幅场景：数万僧众聚集在大昭寺门口，一场大法会即将开始。熬茶布施要消耗掉六十多万包茶，几百个熬茶僧人已经准备数月之久——从云南调茶，在当地购买酥油，法会即将举行的消息已经像风一样在藏地散播开来……信徒们围满寺院，没有足够多的杯子来招待，许多人只能用帽子或双手捧着喝酥油茶。

　　今天，我站在这里，只能向那些朝拜者发送有限的袋泡普洱茶——如同一年前我在青海塔尔寺门口所做的那样，用茶来打开他们的嘴巴。

　　西藏的夏天黑得晚，晚上八九点钟天都还亮着。我们坐在大昭寺附近的光明甜茶馆，花15元要了一壶茶，单买的价格是7毛钱一杯。但对面的两位藏族老哥说，以前买一杯只要5毛，更早的时候是3毛——那个时候还是鲜奶呢！不像现在，虽然涨价，喝到的只是奶精。

但为什么还要来？

"从小就喝习惯了，我们今天出来逛，脚走顺了，就进来坐坐。"他们回答说。每天有数千人涌进光明甜茶馆，游客与本地人各占一半。当地人消费的是自小养成的习惯，游客消费的是茶，是环境以及好奇心。

然而在西藏，我们总是被"从前"的语境捕获：从前在西藏，一批茶要经过数月时间的运输才能抵达；从前，一块沱茶可以换到一头牛，直接拿茶叶发工资；因为茶，英国人曾两度入侵西藏……这些年来，我去过许多热衷饮茶的地方，但从未有一个地方，会如藏区与康区那样令人感慨。藏族谚语说：茶是血，茶是肉，茶是生命。我所遇到的每一位朝圣者，无论是在寺院里朝拜，还是在路边歇息，茶都是他们随身携带、不可或缺之物。

远在唐代，青海日月山下，藏族为了得到茶叶，吐蕃王朝与李唐政权开始了第一次茶马互市，由此形成了一个国家层面的茶叶贸易传统——任何一个政权都需要通过茶，来促进民族融合与疆土开拓。宋、明、清都设有专门负责管理茶叶贸易的茶马司，明代后蒙政权领袖俺答汗通过茶与黄教的结合而达成蒙、藏联盟，清代蒙古族则通过三次熬茶布施把满、蒙、藏三大族贯穿起来。千百年来的茶叶江山，有和谐，也有战争。

在我的故乡云南，饮茶更像一种社会传统。可以说我从小被茶叶泡大，研究茶叶则是后来的事。

16年前，我在云南大学读书。木霁弘是我的老师。他为我们讲茶叶、讲茶马古道，从西双版纳、普洱、丽江、大理一路跳转到西宁、拉萨……我们仿佛被带领到布达拉宫上空,那里天高云淡、经幡飘扬,奶茶的香味弥漫在整座宫殿,是那些朝圣或漂泊灵魂的停歇之所。

后来我阅读木霁弘等人所著《滇川藏大三角文化探秘》,从这里我获得茶叶与边疆的最初知识:茶马古道穿越整个大西部,牵动着四十多个民族的生活。他们之间如何做到语言互通? 又是如何通过茶叶贸易,而走向交流融合? 这里面有太多探究与书写的空间。

2003 年,从《中国青年》辞职回昆,我在一家传媒公司上班。为丽江一个赛马场写方案,洋洋洒洒几万字,最后项目不了了之。好在留下来的文字已经散布于各大报刊,我也算踏进茶马古道研究的门槛。

接下来几年风云际会,普洱茶迅速回归生活与市场,数年间价格飙升。关于普洱的文化阐释与传播的需求也迅速增长,茶马古道也被激活。我先是和杨泽军合作撰写了《天下普洱》《云南茶典》,后来又参与《普洱》杂志创刊。影视上《茶马古道——德拉姆》和《大马帮》热映,文化上普洱热带动了茶马古道热,茶马古道旅游随之大兴,我们不得不在杂志开辟一个"茶马古道"栏目,以满足大家的书写热望。

此时的"茶马古道"名扬天下,将其列为国家级的文物保护单位已经纳入计划,云南大学茶马古道文化研究所受国家文物局的委托,正在全力完成《茶马古道文化线路研究》。因为这个课题,我离开了《普洱》杂志,加盟到云南大学茶马古道文化研究所。

这项研究是为了回答一个问题:"茶马古道是否能成为新的世界遗产?"当时,比茶马古道更加知名的丝绸之路并未列入世界遗产,茶马古道在许多地方连县级保护单位都不是,但我们却满怀信心地认为:无论丝绸之路还是茶马古道,都是人类的杰出遗产,且终将得到认可。

一直以来,中国存在一个文化经济联合体,通过这些经济物质能够传达出中国人的精神——茶、瓷、丝曾经风靡全球已经说明了这点。这其实就是一抔土（陶瓷）、一只虫子（丝绸）以及一片叶子（茶）在世界旅行的故事，世界也由此开始认知中国。

《茶叶江山》由一篇篇细小的故事组成，他们大都与我和李君乐骏的行走有关。我们在云南和康区探访古茶园，也借此机会回应百年以来有关茶叶的种种争论，并进而探讨当下中国茶叶复兴的种种机遇和可能。

在汉地，茶中有江山，有情怀；在藏地，茶中有礼仪，有信仰。从红土高原到青藏高原，茶叶所构筑的万里江山，其最初的故事，也不过始于眼前这小小一杯茶。问题在于，你感知到一杯茶的力量了吗？

周重林

2014 年 8 月 6 日昆明

目　录

第一章

茶叶江山：我们的味道、家国与生活

茶叶是一种观念的产物，茶园成为江山的界线，家国情怀就在其中。

一、卖普洱茶的老挝人

"你知道吗？在无数的夜晚，我们不仅看着同样的明月、星空，用着同一家运营商的手机信号，还喝着同样的普洱茶。"2010年，在云南景洪的一家翡翠店，皮肤黝黑的老挝籍姑娘张天丽如是说。

茶是原产地，人也是哦

她来云南好多年，一开始卖些木材，后来卖翡翠，现在又开始卖普洱茶。

"反正什么好卖卖什么呗，有钱赚就好，现在普洱茶行情那么好。我也打算卖点老挝茶，有价格优势，我人也是老挝人嘛，茶是原产地的，人也是哦。"

张天丽说着很地道的景洪话，软绵绵地，我们也无从分辨真假。

她倒是很快解释，说自己祖上其实是湖南人，因为逃难还是修路的原因去了老挝丰沙省，现在居住在磨丁附近。磨丁与西双版纳的磨憨口岸相接壤，是出中国后的第一站。

中国人来到磨丁，还感觉不到老挝味：公路标示之类的都是用汉语，满大街人讲的都是云南话，手机信号正常，傣家饭菜也流行。当地人打电话、上网什么的，也是用中国移动、中国电信等运营商所提供的服务。此地日常用品以中国制造为主，一些有老挝风味的工艺品，其实生产地可能是浙江义乌。

对于中国、老挝边境上的诸多边民而言，国籍大部分时候只是身份证上的标识。提及稍微大一点的地方，比如昆明，他们都会流露出茫然的表情——村镇的名字在他们口中的出现频率是最高的，绝大多数人都只是在小范围内群聚生活。我们到过云南边境的许多地方，一般界碑大都淹没在草丛里，也没有如想象中荷枪实弹的哨兵站岗，往往走着走着就出了国境。反而是一些务农的村夫，会善意地提醒你"走过界了"，再奉上一句："没有事，随便逛。"

有个喜欢开玩笑的朋友说："你别小看这些在田地里的农夫，说不定是个'007'呢！"周星驰扮演的特工太深入人心。

普洱生茶是不是普洱茶？

我们并没有把张天丽当做老挝人，但对她笔记上的一些记录颇感兴趣：

> 普洱茶，云南大叶种，晒青工艺，有生茶和熟茶。
> 有紧茶和散茶。
> 普洱茶有六大茶山。
> 普洱茶有干仓与湿仓。

Plate 149 *Tribesfolk from Burmese Laos and Yunnan.*

1887 年，法国海军军官路易·德拉波特（Louis Delaporte）沿湄公河流域旅行，以写实手法记录了大量沿途的风土人情。图为路易·德拉波特所绘中国云南和缅甸、老挝一带的部落民族肖像。

张天丽不是到了景洪才接触到普洱茶，她在老挝就喝过。

"味道明明差不多，但我家那边叫绿茶，也不会喝放太久的茶。"

"太久的茶也没有吧？"

她点头说："是没有。这里也没有，他们喝的老茶都是从广东拉回来的，贵得要死，还难喝，喝多了喉咙不舒服。"

"有翡翠贵么？翡翠有几百万上千万的呢。"

"这不同。"她笑着说，"翡翠是玉石，不会再生；茶嘛，树上年年长。怎么会一样呢？"

我们想了想，对她说的话表示认同。

某些从广东、香港回流到原产地云南的普洱茶，被称为"湿仓茶"。制茶者通过洒水、加温、封闭等手段，去干预普洱茶的自然陈化过程，达到加速普洱茶发酵的目的。"湿仓"是一个与"干仓"比较而言的概念——干仓泛指普洱茶在自然条件下的自然陈化。

普洱茶是晒青毛茶，通过阳光照射来干燥，水分一般保持在12%左右。越来越多的人意识到，普洱茶后发酵的核心环节，是其可以在一定水分、一定空气和一定温度下完成自然发酵，到了一定年份，便会转化成"陈年普洱茶"，达到常言所说的"越陈越香"。

所谓纯粹的干仓茶，很难达到使普洱茶质转化的效果。而且，每一个区域的湿润度都不一样，早晚的温差也各异，这对普洱茶的后发酵都会产生不同的影响。在我们接触过的人中，"中茶系"[1] 的几位代表人物如邹家驹等人都持这样的观点，这与他们长期和普洱茶主要消费者香港茶客打交道有关。

"普洱生茶是不是普洱茶"这一问题，曾引发过旷日持久的讨论。

---

〔1〕 中国茶叶股份有限公司的民间称谓，后文会有详细介绍。

现在的情况是，云南茶区风头正旺的山头茶，正在瓦解普洱茶需要存放一定时日才能喝的"旧论"。较早以老班章村为基地推广普洱山头茶的陈升河说，他最以之为傲的就是普及了"普洱生茶也可以喝"这一观念。当然，他没有说的是，当下的老班章已经贵到了普通人根本喝不起的地步。同时，打着"老班章"印记的茶满大街都是，消费者难以辨别其真伪。一些人对茶的真伪则不以为然，只求进入到山头茶所营造的语境之中。

普洱茶生茶工艺的核心在于晒青，其与绿茶的烘青工艺唯一区别，在于干燥方式不同——或者说干燥的温度区别很大。

一般来说，绿茶烘干机内温度高达130℃以上，往往只需用六七分钟时间，便可结束茶叶的干燥过程。高温杀死了茶叶内残余的多酚氧化酶、过氧化物酶和过氧化氢酶，凝固了茶叶内的多酚类化合物，中断其进一步发展变化的条件，或者说改变了其发展变化的方向。

普洱茶则不同，烘干茶叶的温度比较低，从而也保留了茶活性。湖南省农学院的科学家就多酚氧化酶的动力学性质做过实验，最适合酚氧化酶生长的温度为37℃，它所能适应的极端温度为60℃，超过60℃就会迅速失活。普洱茶的晒青工艺中，温暖柔和的阳光为多酚类化合物的转化发展，保留并模拟了细胞体内的环境。

用文学语言来讲，普洱茶是有生命的茶。它不像绿茶那样，从制成成品那一刻起，就成为死去的叶子，失去生命和活性。[1]

但普洱茶在晒青前也要经过炒青，只是温度更低，更易于保持茶叶活性。普洱茶国家标准的联合起草人李文华，从日常经验给出如下

---

[1] 参见邹家驹：《烘：普洱茶的生死界——续烘掉的甘醇》，载《普洱》2007年第4期。

数据：普洱茶炒青常态下，锅温在 100℃ 至 120℃，叶温则为 80℃。杀青，其原理是钝化多酚氧化酶的效用——60℃ 是临界点，80℃ 达到杀青的效果。杀青有老、嫩：杀青嫩，多酚氧化酶残余多，香气低、有青味；杀青老，香气高、显花香，缺点是易爆点，有焦片味。这考量着每一个工艺师傅的掌控水平，进而影响到茶质本身。

从加工到仓储，普洱茶涉及的每个环节都是非常具有诱惑力的话题。张天丽只是从习惯的口感略谈一二，我们并没有就这个话题继续深入讨论。

版本众多的"六大茶山"

接着，她抱出一沓 A4 纸复印件给我们看："喏，这上面的茶，每片都要几十万。"那是从台湾邓时海所著《普洱茶》一书上复印过来的。我们出版过的书里，唯一被盗版的就是 2004 年出版的《天下普洱》，精明的盗版商把《普洱茶》与《天下普洱》合二为一，撒到了地摊上——只要花费 10 元，就可以把一百多元的书抱回家。[1] 但更多读者所采用的方式——就像张姑娘这样，是从别人手上借书复印。虽是黑白印刷，但相较盗版而言错误率更低一些。

2004 年左右，普洱茶文化刚刚兴起，书籍资料匮乏，出一本大卖一本。茶文化与商业联姻，往往会带来许多尴尬，常听到人议论："某人小学都没有毕业，也成为茶文化专家了？连书都出了！"

有了书，茶会卖得贵些，销路也广，这是茶行业一直走的经典传播路线——卖茶需要先讲故事。陆羽在他活着的年代，就被奉为"茶

---

〔1〕参见邓时海：《普洱茶》，云南科技出版社 2004 年版；李炎、杨泽军主编：《天下普洱》，云南大学出版社 2004 年版。

圣"；民间茶叶卖场里，至今仍供奉他的雕像，茶商们相信这样会给自己带来财运。

短短几年时间，普洱茶真的贵起来了。以前售价十几元、几十元的茶，现在都卖到了上千上万。尤其是来自六大茶山的茶，同样的一片叶子，几年时间价格翻了几十甚至上百倍。

张天丽手上就有一张"古六大茶山"分布图，因为古今名字不一样，地图上都对今天地名为区域作了大致标注。古六大茶山版本非常之多，考证过程也异常繁杂。詹英佩出版《中国普洱茶古六大茶山》[1] 后，她所绘制的古六大茶山分布图成为流传最广的版本。

靠近景洪附近是**攸乐**古茶山，以基诺山为中心。在攸乐古茶山东北角，**革登**与**蛮砖**、**倚邦**三座古茶山呈三角形分布。革登以新发和安乐为中心，倚邦古茶山以倚邦和曼拱为中心，蛮砖则以曼庄和曼林为中心。最大的是**漫撒**古茶山，包括了今天整个易武茶区，还囊括了与易武接壤的老挝丰沙省许多区域。处在最右上角的是**莽枝**古茶山，今天的莽枝大寨和孔明山都在这个区域。

对于外地人来说，要记住这些名字上少数民族特色鲜明的区域，非常有难度，何况还有与此相对应的新六大茶山——要是遇到行业内的人，他甚至会给你讲述江内茶与江外茶的区别。要厘清这些问题，真的需要上几次培训课，再实地走几圈，才能加深印象。

有一次我们上茶山，带着另一个女作家阮殿蓉写的《六大茶山》[2]，那个时候，阮殿蓉已经开始经营云南六大茶山茶业有限公司，产品也以六大茶山命名："易武正山""倚邦野生饼""攸乐野生

〔1〕 参见詹英佩：《中国普洱茶古六大茶山》，云南美术出版社 2006 年版。

〔2〕 参见阮殿蓉：《六大茶山》，中国轻工业出版社 2005 年版。

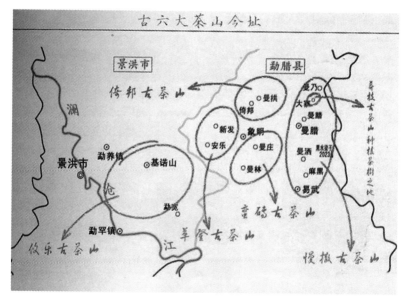

古六大茶山版本众多，《中国普洱茶古六大茶山》出版后，詹英佩在书中所绘制的版本（见上图）在市面上广为流传。

茶""班章野生茶"……从这种命名方式来看，她已经把古六大茶山和新六大茶山合并了。这种变化的趋势非常明显，詹英佩写第二本书《普洱茶的原产地西双版纳》时，访问的就是新六大茶山。

事实上，到了2010年，在书店可以买到的普洱茶相关书籍非常之多，"六大茶山"成为大部分普洱茶书写者讨论的核心话题。他们打起笔仗来毫不手软，让人很难相信这是喝茶人笔下流淌出来的文字。在对普洱有情感的人看来，普洱茶都是普洱的；在对西双版纳有情感的人看来，普洱茶与普洱没有什么关系；而在商人眼中，什么好卖就卖什么。

这反倒可以理解：恰恰是因为商业利益的驱使，这些茶山才重新"回归到经纬度之中"，被重新确认、传播，以至于单单一幅茶山地图，就可以卖到10到20元。文化的疆域伴着茶叶的疆域，最后在商业帝国时代被合二为一，成为茶人聂怀宇口中经常唠叨的"文化经济联合体"。

二、茶祖是谁？神农氏、诸葛亮还是陆羽？

茶祖是诸葛亮？到底是谁？

这是张天丽记在笔记本上的一个疑惑。她在本地的一家茶馆学习茶叶知识，准备考茶艺师。

不考个证，本地人都难混

她认为这是一件必须要做的事情。在决定要卖茶的时候，许多朋友都提醒过她这一点。一有空闲张天丽就往茶店跑，做入门功课。我对此有些疑惑："你现在不是会泡茶了么？怎么还要考？"她回答说："不考个证，本地的人都难混，何况我还是一个外地人。"

即便是在茶区卖茶，考一个茶艺师资格证也被认为是有必要的。我们认识的不少茶界人士，他们对茶的了解与研究远远超过那些为他们授课的人，但因为他们不能自己为自己颁发一个证书，就只能去找那些学生辈的人再次学习。

中国人对证书的迷恋已经到了登峰造极的地步，好多教授在中老年之际还要去读博士："没有一个博士学位，在家不踏实，站在讲台上更不踏实，不自信哦。"

在重庆，一位做了十几年茶艺培训的老师，为自己没有获得"国家级品茶师"以及"高级茶艺师"的称号而耿耿于怀。而在苏州，一个做茶艺培训十年之久的老师，她提到了另一个原因："如果自己都不考证，就不会理解别人对考证的需求。"

除了证书，茶艺大赛这样的活动在茶界也无处不在。拿到一张茶艺表演的获奖证书，也被视为一种荣誉。

茶祖也是一种荣誉。

茶祖是谁？我都不知道标准答案

"茶祖是谁？"这样的问题经常出现在茶艺评比的环节。在成都，得到的答案会是吴理真；在版纳和普洱，答案是诸葛亮；但在江浙一带，答案是陆羽；在湖南，答案会是神农；在北方一些区域，有人则会说是卢仝。

有一次我在丽江参加茶艺评比活动，虽是评委，我也忍不住要问另一个评委要答案，因为她才是出题者。她倒是很轻松地告诉我，"哪个都行"。

神农氏与茶的关系，也成为"当代茶圣"吴觉农（公元 1897 年—公元 1989 年）关注的问题。他对二者的关系是持怀疑态度的，理由是：既然现代科学研究确定西南是茶树的原产地，那么在战国之前的神农氏是不可能喝到茶的——当时茶尚未传到中原地区。这也就意味着《茶经》里记载的许多关于茶的传说不可靠，比如春秋时晏婴所食"茗菜"就与茶无关。[1]

"神农尝百草，日遇七十二毒，得荼而解之"，这句经常出现在茶书里的话，经竺济法缜密考证，被证明是清代才出现的材料。[2] 陆羽所说"茶之为饮，发乎神农氏"，可以从民俗学的角度继续来解释，竺济法对此的评述也很有意思：他认为神农得荼解毒之说是否出于《神农本草经》并不重要，排除该书有此一说，丝毫不影响神农的茶祖地位；但是将找不到出处的说法，硬是"莫须有"地加诸神农氏身上，无异于为其穿上"皇帝的新装"。

在云南，"茶祖是谁"成了一个概率事件，答案取决于你遇到谁。

如果碰到的是当地人，"诸葛亮是茶祖"这个答案出现的几率要大一些，甚至把布朗族的茶祖叭岩冷（音）都比下去了。我问过几个人，他们的答案大致相同，理由似乎也有说服力："诸葛亮开发了边疆，对边疆有功。何况，诸葛亮名气更大啊！"寻找一个强有力的汉文化符号做"代言人"，对边疆与边民来说，意义重大。他们需要被纳入到汉文化的体系中，进而强化自己"非蛮夷"的身份。

诸葛亮的塑像被置于普洱市区显要位置，"孔明兴茶"一直是当地发展茶业的主题。当地人口口相传着一种说法：三国时期，当地人

---

〔1〕 参见吴觉农：《茶经述评》，中国农业出版社 2005 年版。

〔2〕 参见竺济法：《"神农得荼解毒"由来考述》，载《茶博览》2011 年第 6 期。

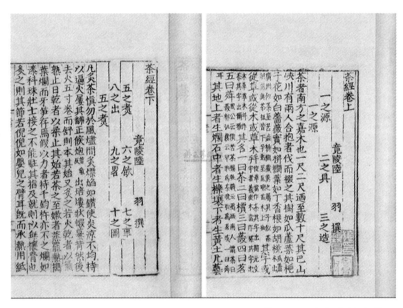

《茶经》由唐人陆羽所著，是中国乃至世界现存的、最早介绍茶的专著，该书对当时人关于茶叶的认识进行了系统总结，然而其中所记载的传说也有不可靠之处。图为明刻刊本《茶经》。

的祖先要跟随孔明去成都。孔明叫他们头朝下睡，马向南拴，但他们却头朝上睡，马向北拴，结果没有跟上孔明。孔明回望之时，看到当地人没有跟上来，就撒下三把茶籽说："你们吃树叶！穿树叶！"就这样，当地人学会了靠茶生活。诸葛亮为什么要当地人吃茶呢？是因为当年诸葛亮南征，遇到瘴气人马中毒，最后用茶叶来治愈了疾病。[1] 神农氏在华夏和叭岩冷在景迈的作为，诸葛亮在云南的际遇，都让他们成为一方茶祖。

苏国文：最后的布朗王子

在日本，茶被荣西和尚发展成"万病之药"。在中国，其药用特性在不同的时代也被反复强调：三国时代的诸葛亮遇到茶，拯救了自己的部队；到了陆羽所处的唐代，依然要强调茶"祛病"的功效；即便是今天，某些保健品都要借助茶这种神奇效果，取名为"某某茶"，宣称能减肥、调理生理机能。

大清道光年间郑绍谦等编撰的《普洱府志》卷二十介绍说："六茶山遗器俱在城南境，旧传武侯遍历六山，留铜锣于攸乐，置铜锅于莽枝，埋铁砖于蛮砖，遗木梆于倚邦，埋马蹬于革登，置撒袋于慢撒[2]，因以名其山。莽枝、革登有茶王树较它山独大，相传为武侯遗种，今夷民犹祀之。"今天西双版纳还有座山叫孔明山，据说是诸葛亮当年的寄箭处。每年农历七月二十三日为纪念孔明诞辰，普洱市都会有放孔明灯的活动，民间称之为"茶祖会"。尽管许多学者都认为孔明从未到过普洱、版纳这些地方，但当地人对孔明的热爱一直有

---

〔1〕 参见蒋铨：《古六大茶山访问记》，载赵春洲、张顺高编《版纳文史资料选辑——西双版纳茶叶专辑》，1988 年 11 月。

〔2〕 即今漫撒。

增无减。

事实上，当地人也有自己的茶祖。茶祖叭岩冷这个高贵冷艳的名字，许多人还是从苏国文那里才了解到。他那段关于茶祖遗产的诗性描述与独白，2013 年经过中央电视台综合频道的传播，打动过许多人：

> 茶祖临终遗言，我给你们牛马，怕遭自然灾害死光。要给你们金银财宝，你们也会吃完用完。给你们留下一片古茶园和这些茶树，让子孙后代取之不尽，用之不竭，你们要像爱护自己眼睛一样爱护它，决不能让它遗失。[1]

苏国文是一个传奇人物。他是布朗王子，芒景布朗族末代头人苏里亚的儿子，是布朗族的"更丁"（唯一尊敬的人），现在他是景迈山茶园的掌灯人。他同时也是一个教育家，花了 32 年为 10 万人做了扫盲工作。

其父苏里亚管理过 25 个村寨，受到过毛泽东、周恩来等人接见，为他们献过好茶。苏里亚同样是一个教育家，他精通傣文、汉文、拉祜文，因为致力扫盲而获得过"全国民族教育先进个人"称号。

苏里亚临终前嘱咐了苏国文三件事：在芒景布朗山建一所学校，编写完芒景布朗族史，为布朗族茶神建一座寺。现在，苏国文都做到了。从茶祖遗言到父亲遗言，"茶"都在其中。苏国文几乎是沿着父亲的足迹一路走来，他甚至说，自己的遗言里也会有"茶"。

---

〔1〕 纪录片《茶，一片树叶的故事》，中央电视台综合频道，2013 年 11 月 18 日首播。

布朗族茶神叭岩冷的传说

从茶中找到民族认同的族群，中国还有许多。考察流传在布朗族口中的茶祖传说，我们会发现茶的药用价值又一次被强化了。

传说布朗族祖先叭岩冷率众与其他民族激战，后退守景迈山茶区，因水土不服，将士受到感染，不战而败，眼看就要全军覆没。有人在无意中抓下树上的叶子送入口中，神奇的事情发生了，他们感觉疲惫和病态症都得到缓解——原来这里就生长着救命的解药！

于是叭岩冷下令全军服用，茶到病魔皆除，他们击溃追军，之后留守山中。茶给予了布朗族存活的机会，叭岩冷便号召布朗族尊茶为神，为茶修枝剪叶，保护茶园。叭岩冷被后人奉为"茶神"，布朗族都自称"茶神的后代"。

茶祖众多，有神话人物，有真实存在的历史人物，这矛盾吗？在民族起源多元、地域跨度很大的地区，多项选择并不意味着用一个茶祖去否认另一个茶祖。茶祖的起源是不是史实并不是最重要的，宣称炎黄子孙的人从不会去怀疑炎黄的存在，他们每一次的言说，只会凝结更多有此认同的人。[1]

大多数人像我们一样，因为景迈山的茶而认识苏国文。尚记得2006年《普洱》杂志创刊时，我们邀请了苏国文及其景迈山的族人来昆明。他们中许多人还是第一次来昆明，叫嚷着要去吃肯德基。我们逗一个小孩，让他拿茶来换汉堡包，本是玩笑，哪知小家伙真从包里掏出一饼茶来。这太令人惊讶了。小孩不以为然地回答，我们随身

---

〔1〕 参见王明珂：《华夏边缘：历史记忆与族群认同》，浙江人民出版社 2013年版。

带着茶，可以解决水土不服的问题。

景迈山古茶园申遗：中国的才是世界的

2009 年，景迈山开始申请第七批全国重点文物保护单位，2013年5月正式获国务院批准并公布。这是茶园第一次成为"国保"单列的文物保护单位，与它同时获批的还有贯穿云南、四川、西藏等省的"茶马古道"。景迈山古茶园获批全国重点文物保护单位，这也就意味着它拿到了申请世界遗产的入场券。2014 年，普洱市正式启动了景迈山古茶园的申遗程序，申报的是文化景观类遗产。

世界遗产分为自然遗产、文化遗产、自然遗产与文化遗产混合体（即双重遗产）、文化景观以及非物质遗产等五大类。文化景观是指被联合国教科文组织和世界遗产委员会确认的，人类罕见且目前无法替代的文化景观，是全人类公认的具有突出意义和普遍价值的"自然和人类的共同作品"。

景迈山古茶园申遗之路，可以参考的遗产案例有：阿曼的乳香之路（2000 年）和以色列的熏香之路（2005 年）。

乳香（frankincense）是一种由橄榄科植物乳香木（Boswellia thurifera 或 Boswellia sacra）产出的、含有挥发油的香味树脂，古代用于宗教祭典，也当做熏香料（制造熏香、精油的原料）使用。乳香也是中医使用的一种药材，用于止痛、化淤、活血。乳香贸易遗址被列入世界遗产，在于它符合世界文化遗产六个标准中的两个——标准三，乳香在古代是一种极昂贵、奢侈的香料，在阿曼发现的考古遗址群可以见证当时乳香香料生产和贸易的繁荣兴盛；标准四，希什尔的沙漠绿洲、霍罗尔的货物集散地以及阿尔巴利迪，都是中世纪波斯湾最典型、最著名、有防御工事的居民聚居地。"乳香之路"其实就是乳香通往欧洲和近东的路线，今天在阿曼境内的四个遗址分别是盛产乳香的杜克河谷、出口乳香的霍尔罗港口、位于佐法尔省的巴利迪城以及保留了古代往来沙漠商队足迹的叙氏尔绿洲。

茶叶、乳香以及熏香，都以特定物质的远途贸易为特点，带来沿途城镇的兴起，并对其他文明产生过重要影响。乳香之路和熏香之路都是跨国通道，但采用的是一国境内保护与申请的模式：突出重点，以古遗迹为中心点再现一条逝去的文化线路。

包含景迈山古茶园在内的茶马古道是茶叶之路，以茶为主体，延伸到其他国家。但我们同样可以采取以境内核心保护带——也是传统茶马古道研究的核心区域，即滇川藏大三角——为中心点，通过古遗迹（茶园，古镇，古寺院）之间线路串联[1]的模式申报。

阿曼人在申报乳香之路项目的时候，明显有迎合西方的倾向，比如特别提出乳香在《圣经》中出现的次数，恺撒大帝如何喜欢乳香，等等。实际上茶传入西方后，对西方世界同样产生过重大影响——比如英国的下午茶会，中英鸦片战争（其实就是茶叶战争）以及导致美国独立战争的波士顿倾茶事件等都和茶叶有关，茶叶推动着世界文明进程。[2]难点在于如何厘清这其中的关系——茶叶传播路线是一个世界性的难题，我们在下一章节将会具体讲到。

---

〔1〕 参见周重林等：《茶马古道文化线路研究》，国家文物局和云南省文物局委托课题，2009 年。

〔2〕 这方面的著作，可以参考麦克法兰所著《绿色黄金》，他认为茶与蒙古和大英帝国的崛起有着莫大关系；艾敏霞所著《茶叶之路》，她主要考察茶叶与蒙古帝国的关系；史蒂芬·普拉特所著《太平天国之秋》，作者认为太平天国之所以失败，是因为英国等协助清政府攻打其政权，而攻打缘由是因为他们控制了东南茶区；埃里克·多林所著《美国和中国最初的相遇》，主要讨论了美国通过与中国的茶业贸易，摆脱了英国的经济封锁，产生了大批百万富翁，为立国奠定了基础；周重林、太俊林所著《茶叶战争：茶叶与天朝的兴衰》，从茶的视角讨论了晚清的衰败，英国以及美国的崛起的整个过程，可以说茶叶重塑了近代世界的格局。

2013 年 11 月 18 日，由王冲霄执导的 6 集纪录片《茶：一片树叶的故事》在 CCTV1 开播，该纪录片团队足迹遍及中国、英国、日本、印度等茶叶国度，试图通过小小的一片茶叶，把历史与当下，中国与世界贯穿起来。

事实上，依靠景迈山为生的布朗族，早就在苏国文的带领下，确立了《保护利用古茶园公约》，规范了古茶园的开发利用。这既是遵从祖辈的遗命，也是保护他们赖以为生的源泉。就像祖先所教导的那样："给你们留下一片古茶园和这些茶树，让子孙后代取之不尽，用之不竭，你们要像爱护自己眼睛一样爱护它，决不能让它遗失。"

2013 年 11 月 18 日，《茶，一片树叶的故事》在中央电视台综合频道开播当日，中华茶馆联盟首届会长会议恰好在昆明弘益茶文化中心召开，会长张卫华组织大家集体看片。各地的茶界人士都在微博或微信上对这个片子激赞，满屏幕都是茶的故事，"像茶人过节一样"。在张卫华等人的推动下，深圳"世界茶人节"于 2013 年 12 月诞生。

在此之前两周，苏国文与纪录片主创人员王冲霄的团队就在这个地方，济济一堂，谈论对茶的理解。第一集片尾，苏国文在茶园里打鼓独舞，那个时候，他确信茶祖与他在一起。

三、不爱喝茶的人还是中国人吗？

老挝人跑到了云南来卖茶，云南商人则跑到了老挝去收茶。

老挝丰沙里的中国茶园

2010 年老挝《万象时报》曾报道：因为云南普洱茶大热，老挝北部省份丰沙里（Phongsaly）的茶价也跟着上涨，有许多中国企业跑到丰沙里收购茶叶，并在那里投资茶园。丰沙里自从 2005 年允许中国商人投资茶园以来，年产新茶的数量目前已经到千吨规模。

一些嗅到商机的老挝人，也跑到云南兜售自己的茶叶。原产地的茶，原产地的人来卖，更有说服力。这在茶界也成为一种商业模式

——人茶联袂，加上一个空间，体验经济就形成了。

在珠海卖茶的张兵，云南籍，到珠海已经二十多年，他坚持每年春秋两季都跑一趟云南茶山。在珠海的茶叶店里，他招聘的两个卖茶小妹也都是云南临沧人。

"要找卖茶小妹，何必一定要从云南'空运'过来？"

"你不懂。茶与其他商品不同，卖茶的人也是当地人的话，会更容易获得认可。"他狡黠地回答。

云南三大茶区，西双版纳的人无论如何也不会出去，他们说"外面不好在"——去哪里都不如版纳生活自在。相对而言，普洱人与临沧人外出的要多一些。福建茶区就不一样了，短短几年时间，外出的十万安溪人创造了一个庞大的铁观音帝国。随便路过安溪人开的茶店，他们都会很热心地招待你，耐心地为你泡茶——买不买都不要紧，重要的是让你坐下来。

在网络上，很多卖茶的安溪人同样非常热心。他们会找你要个地址给你寄点茶叶，喝完喜欢了再来买。安溪人开创了一种很厉害的用户体验模式，大部分普洱茶也是采用他们这种模式卖出去的。

在淘宝上，丰沙里茶已经随搜随得。从18元1片到300元1斤都有，一家卖丰沙里茶的商家用云南话写道：

老挝呢大部分地方几乎都（是）原始森林状态，这里除了原生态的野生型茶树，这里还种植了许多明清时的古茶树。人为的破坏很小，更健康态，生态，采摘适度，生态环境决定了古树群的自然之味。所以这么一款环保生态健康的茶，值得小店推荐给各位"茶油"们，各位"茶油"们千万别错过了哦。[1]

贫穷、落后、古老，一度是令人羞愧的形容词，但在这个人人受累于工业文明的时代，一下子变得很时尚。农产品但凡与原生态挂钩，价格都会在短期内涨得飞快。

丰沙里省地处老挝最北部，没有工业，交通闭塞，经济落后。在研究茶马古道的学者眼中，这里是昔年马帮运输的必经之地，甚至还是一个不可忽视的茶叶产区。今天的商人们对这些概念进行了深挖，再次把丰沙里与易武（曾经的漫撒茶区）捆绑在一起，联合兜售。

老挝茶区原本就是中国的

云南普洱茶用老挝茶来做，一度在网络上引发了口水战，闹得沸沸扬扬。我们请教过许多口感很刁的茶客，询问他们老挝茶与云南茶到底在口感上有多少差别，大部分人都摇头，说区别不大。了解云南茶业历史的人则会说，其实云南茶用缅甸茶、北越茶以及老挝茶来做，是一个悠久的传统，尤其是在计划经济时代。

在景洪的一次交谈，甚至惹恼了几个茶客，他们冲我们咆哮道："你们不是研究历史的吗？翻翻书就知道，那边产茶的地方，原本就是我们版纳的，被法国人抢过去了至今没有归还，搞得现在十二版纳都不完整。"

这种满怀遗憾的叹息，李拂一在《佛海茶业概况》里也如此表达过："十二版纳，原包括思茅、六顺、镇越、车里、佛海、南峤、宁

---

[1] http://item.taobao.com/item.htm? spm = a230r. 1. 14. 1. k9fKrm&id = 26135480048&initiative_ new = 1。最后访问时间：2014 年 8 月 19 日。

江、江城之一部，及割归法属之猛乌、乌得两土司地。至近今所谓之十二版纳，则以前普思沿边行政区域为范围，即车里、南峤、佛海、宁江、六顺、镇越等县区及思茅之南部，江城之西部。其猛乌、乌得两土司地，早已不包括在今之十二版纳之领域内矣。"[1] 在中国一个镇与老挝一个省因茶联姻的背后，有着更为揪心的历史。从谭其骧主编的《中国历史地图集》上看，丰沙省呈"凸"型顶在中国地图上，也像锥子般刺痛了国人的神经。这凸出来的区域，约有3 000平方公里原属中国领土，晚清被迫割让给法属老挝。因为这里太靠近茶区，在中法谈判之初，就引起了关注。

1895年6月，云南著名的士人、时任翰林院编修的陈荣昌（公元1860年—公元1935年）上书光绪帝，问询大清与法国换约事宜，是否包括割让普洱、蒙自等地，又是否允许法国人开办锡矿厂。他示警朝廷，法国人"必图利于茶山"[2]。

清廷回复说，没有这回事，割让之地并非普洱、蒙自等边地，而是猛乌、乌得两土司之地。

猛乌、乌得两地，就在今天丰沙省境内。至少在当时的清廷看来，割让这些地方是可以承受的损失。但陈荣昌的警告暗含的忧虑也许是：这样一来，原为中国中央政府所严禁的茶种外流将无法避免，会带来巨大灾难。近代中国面临着内忧外患，云南茶山也不能自外。

晚清变局中的西南茶园

1856年，杜文秀和李文学起义，控制了大理和哀牢山。起义造成

---

[1] 中国人民政治协商委员会勐海县委员会文史资料委员会编：《勐海文史资料》第1辑，1990年。

[2]《清实录·德宗景皇帝实录》卷370，光绪二十一年，甲戌条。

的混乱长达21年，甚至有4年时间他们直接占据宁洱城，控制了普洱茶通向西藏和东南亚的市场通路。1895年，猛乌、乌得割让给法国后，法国对通过老挝销往东南亚的茶叶征以重税，甚至一度禁止茶叶通过，导致云南茶叶销量锐减。

晚清以来，西方国家为了在中国之外开发、种植茶园，不断派遣"植物猎人"到中国盗取茶种。在他们持续的努力下，华茶终成域外之物，由此带来的世界茶叶格局变化影响深远，并持续至今。[1]

是时，中国茶已经被印度茶压得喘不过气来。从1888年开始，印度茶在出口额上，已经全面超过中国。如果法国人再深入到茶区腹地，那么中国茶业的空间将会被进一步挤压，中国茶的"摘山之利"[2]必将成为美国人口中的"稽古之词"。

这种危机意识，不只是存在于晚清，直到今天在国人思维之中依然没有消除。

2007年出版的《普洱茶原产地西双版纳》，作者詹英佩在布朗山发出感慨：曼糯的布朗族与缅甸的布朗族炊烟相望，同样的民族，同样的生态环境，缅甸没有古茶园，但曼糯却有大片古茶园。她因此说，开辟茶园是车里宣慰使年代的经济发展大计，是一项国策，对缅甸而言则不是。[3]

在《中国普洱茶古六大茶山》（修订版）的前言里，詹英佩说，清政府为了稳固南疆、安抚夷民，把六大茶山作为贡茶和官茶采办地，同时也将这里列为边疆政治改革的实验区。正是在清政府的主导

---

〔1〕 参见周重林，太俊林：《茶叶战争》，华中科技大学出版社2012年版。

〔2〕 出自我国第一部茶具图谱《茶具图赞》，意即：在山上采摘所获取的利益。

〔3〕 参见詹英佩，《普洱茶原产地西双版纳》，詹英佩著，云南科技出版社2007年版。

下，六大茶山从封闭走向开放，从冷寥走向繁荣。在内地汉族和边地各民族的努力下，清代中期该地出现了10万茶园以及10万人众的繁盛景象。[1]

詹英佩回应了梁实秋（公元1903年—公元1987年）在《忆故知》里的发问："不喝茶还能成为中国人吗？"站在曼糯，她提醒读者："会种茶而不种茶也难成中国人。"茶园成为江山的界线，家国情怀就在其中，不喝茶的中国人也被视为"不爱国"。

喝茶与爱国：茶叶与民族主义

将喝茶与爱国关联起来，这并非中国独有的孤例。英国人在殖民地印度种植茶叶期间，饮用印度茶而不是中国茶，同样被视为一种对王室效忠的爱国表现；等到了美国独立战争期间，美国人也号召同胞抵制英国运输来的茶叶——不喝茶就是爱国的表现。

喝茶与否，与民族、国家捆绑，茶叶原产地变得与领土主权一样重要。2012年，瑞士日内瓦大学汉学家朱费瑞（Nocoals Zufferey）在法国《世界外交论衡月刊》推出的6/7月份"中国专刊"里，重发了一篇文章《不爱喝茶的中国人能算中国人吗？》（Celui qui ne boit pas de thé peut-il être chinois?），这篇创作于2004年的稿子之所以重发，是为了迎合中国崛起的主题。

文章说，中国领导人寻找中外都认可而又体现中国人民族身份的物品，茶叶是最理想的选择。因此，茶叶作为植物的发现史及其作为国饮的历史，在中国都成为举足轻重的国家大事。

---

〔1〕 参见詹英佩，《中国普洱茶古六大茶山》（修订版），云南美术出版社2012年版。

朱费瑞还回应了中国与世界其他国家关于茶起源的论战，他说："中国人费尽心机要将茶叶的原产地定为中国，未免让人觉得可笑。尤其是中国人那义愤填膺的样子，给人感觉是似乎争夺茶叶的原产地同争夺对西藏以及台湾的领土主权一样重要。"

不过，他认为真正令人讨厌的还不是这个，而是中国人动不动就宣称自己有5000年的饮茶史，这根本经不起考证。他还注意到另一个现象，就是最近一些年，中国出版了大量介绍茶文化的书籍以及杂志，茶水被推上了国饮的地位，甚至还有多个作者把茶叶与中国人的民族身份联系在一起。这个案例，让他想到法国人与葡萄酒、苏格兰人与威士忌酒之间的关系。

饮茶文化是中国汉族与少数民族之间的纽带，这是朱费瑞从茶叶看到的一个玄机。中国人认为，中国的少数民族既然都饮茶，这就说明他们本来同汉族是一家，都是炎黄的子孙；至于有些少数民族饮茶时添加别的佐料，这被认为是未完全开化、文明程度不高的体现——汉族人不加任何添加料的饮茶方式，当然是最文明的方式。

朱费瑞的结论是：中国茶文化的新兴现象，与当下中国的政治社会现状有很大关系。自从20世纪70年代末以来，中国政府逐渐打出了民族主义的旗号，因此试图从中国古代文化中寻找可以发扬光大的因素。于是，孔夫子、茶文化等等都被推上前台，作为失去道德准则的中国社会的替代物。[1]

不断攀升的古树树龄，靠谱吗?

在文化中寻找自信，从茶中找到认同，确实是一个宏大主题。民

---

〔1〕 载自 RFI 中文网，2012. 6. 11

族考古学家伊安·霍德（Ian Hodder）的研究指出，因与邻族有激烈的生存资源竞争关系，居住在该族群边缘的人群，在衣着、装饰及制陶上严格遵守本族的风格特征。相反的，居住在民族核心的人群，在这些方面却比较自由而多变。强调文化特征以及刻画族群边界，常发生在有资源竞争冲突的边缘地带；相反的，在群组核心，或资源竞争不强烈的边缘地区，文化特征则变得不重要。[1]

孔子所云"礼失求诸野"，与上述解释也能相互印证。然而在当下中国，茶产业相对弱势。茶人的努力，着眼点往往在衣着的古意，茶用品的传统，品饮空间的古色以及茶会的雅集范式。他们企图通过这样的一种呈现，对抗工业化后千篇一律的面貌，也借此输出中国价值。

遍布在六大茶山之中的古茶园，被广泛认可的说法是开垦于明代。许多人企图在那些残垣断壁中寻找更为古老的证据，在自然科学界无法为古茶树年龄下定论的情况下，人文学者从人类学、民族学、历史学、语言学出发，为那些古老的茶树带上高龄的帽子。于是从800年到1700年，再到3200年，茶树的年纪每过几年就上涨一轮，以便对应那些不断"出土"的古老茶饼。许多关于茶树年龄的论断今天都成为笑谈，昔日吴觉农论证云南是世界茶树原产地，至今也都异常烫手。

历史激荡中的茶叶救国之路

锦绣江山变断壁残垣，茶的命运只是近代中国人所遭受伤痛的一

---

〔1〕 转引自王明珂：《华夏边缘：历史记忆和族群认同》，浙江人民出版社 2013 年版。

个缩影。家国情怀一旦浓缩在一杯茶之内，带来的影响也就不一样。

1895 年，中法两国政府签订的《续议商务专条附章》和《续议界务专条附章》，法国人借此攫取了滇越铁路的修筑权，并把猛乌、乌得划归法属老挝，连同磨丁、磨别、磨杏三处盐井，云南五地割让土地近 3 000 平方公里。

当然，这一年清廷丢失的还不只是云南边境的大片土地，整个台湾都被割让给了日本，举国震惊。康有为等人发起"公车上书"，孙中山领导了"广州起义"，严复则发出了"救亡绝论"。谁能救国？谁能自救？

割让领土之举，引发了边境上持续十年的抵抗运动。大厦将倾，国已非国，边地诉求无法动摇清廷的决心，自此十二版纳少了领地，而大片茶园也尽落入他人之手。后来，猛乌、乌得的茶农不服从法国人的统治，砍伐了许多茶园，迁徙回到版纳境内。

中法谈判后仅仅两年，1897 年法国就在思茅（今普洱）成立领事馆，思茅被辟为通商口岸，对茶叶出口课税。茶山之利，终落外人之手，陈荣昌的担忧成为现实。

1898 年，光绪帝下令各省成立茶务学堂，学习日本和印度制茶。

1913 年，云南民政厅长罗佩金在发给省议会议员的报告中说，昔年中国茶畅销俄、法等国，现在销路遇阻，反而落后于日本。主要原因是中国茶制作粗糙，不如日本茶精美。这样带来很严重的后果，传统红茶、龙井受到影响，云南的普洱茶、宝洪茶也跟着遭殃。于是他建议派 4 个人去日本、台湾地区学习制茶法，再派两名去爪哇，通过学习来再兴滇茶。[1]

1913年，云南派出朱文精、陈洪畴、张相实等到日本静冈学茶，回国后，朱文精、陈洪畴等人创办了云南茶叶实习所。1924年，云南"模范茶园"成立。如果比较其后中国茶叶股份有限公司在云南的作为，朱文精他们这一代可以说并没有完成实业救国的使命。

直到1937年5月1日，在"实业救国"这一大的时代背景之下，以茶业救国为目标的中国茶叶股份有限公司（以下简称中茶公司）在南京成立。这是一家由各个省级分公司组成的集团公司，然而当时云南并不在重要茶区的名单上，中茶公司主要基地是安徽、湖南、湖北、浙江、江西和福建。其迫于战事不得不到西南发展后，云南才成为中茶公司重要茶区。我们从云南茶业发展的历程也可以看到这点：清代才开通最后一个茶马贸易之地，到了法国、英国入侵西南，云南的价值才一次又一次被发现——而这一次的触发点，是中国面对日本的全面入侵。

1938年9月，云南作为备选茶区，中茶公司董事长周诒春派出郑鹤春和冯绍裘前来考察。他们对云南大叶种的肯定，使得中茶公司加快布局，在云南资本大家缪云台的支持下，12月16日，便火线成立了云南中国茶叶贸易股份有限公司。

1939年下半年，湖南、湖北部分茶区被日军占领，茶厂全部停产。这导致与苏联签订的外销合同根本无法履行，只有取消。1939年6月9日，国民政府行政院长孔祥熙签发的训令，也显得非常着急："查茶叶为我国对外贸易特产，且为易货及换取外汇之重要物资，所

---

〔1〕参见杨凯、刘艳等：《从中茶到大清——最真实的普洱茶》，云南人民出版社2008年版。

辛亥革命将领
护国起义元勋 罗佩金将军遗像

1913 年，辛亥革命刚刚成功，时任云南省民政厅厅长的罗佩金就派遣朱文精等三人到日本静冈学习日本先进的制茶技术。图为罗佩金戎装照。

有全国茶叶改良、产制、收购、运输及对外易货各项事宜，自应统一管理，以专权责。兹责成中国茶叶公司办理，并指令该公司总经理寿景伟主持其事，仍由贸易委员会督导进行。财政经济、交通两部及产茶各省政府均应随时予以协助。"

云南茶区正是在这样的背景下，中央与地方政府合力，进入到高速发展时代。1939年，顺宁茶厂生产了500担滇红茶，出口香港；1939年5月，宜良临时制茶所组建，主要生产绿茶，主打国内市场；1940年1月1日，中国茶叶贸易股份有限公司佛海实验茶厂（即勐海茶厂）成立，范和钧任厂长，当年生产了红茶93担，绿茶39担，圆茶400担，紧茶1 000担。

若问云南茶之于中国的价值，倒不如问云南之于中国的价值。要知道，正是在"国将不国"的语境下，"云南要素"才被重新予以重视。

抗战期间，在重庆的学者再次重提"华夏西来说"，也有学者论证四川是华夏起源地。按照当时的情境，这是一种不得不发出的声音。庄蹻王滇[1]之说往往被置于云南地方史的显要位置，都能找到合理的解释，这种选择性遗忘以及重提，往往别有深意。

1943年，云南省主席龙云在《新纂云南通志》里说："滇为边陲，为西南屏障，气候温和，物产丰富，自抗战军兴，既发动全省人力物力为捍卫之资，而战后之建设则无论于文化、于经济、于农矿工商各种生产事业，必将以滇省为复兴之要地而无疑。"近代形成的民族国家观念有别于以往——确切地说，是两次世界大战之后，才有现

---

〔1〕 据《史记·西南夷列传》记载，楚威王派遣将军庄蹻从四川、贵州一路往西进攻，一直打到云南昆明。因为归路被秦军阻断，于是在云南拥兵自立为王，此即"庄蹻王滇"。

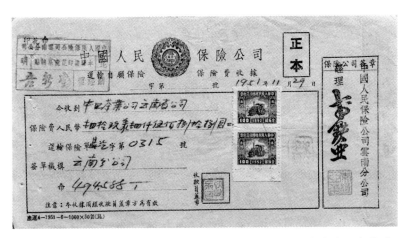

1938 年底，在日本大举侵华的背景下，中国茶叶公司云南分公司火线成立。此后，云南茶业进入高速发展时期。图为 1951 年中国人保为中茶公司云南分公司开具的运输保险费收据，由陈泰敏供图。

代意义上的国家概念。云南之于中国，地方之于中央，有必要以一部地方志从学术上予以回答。

在《新纂云南通志》序言里，卢汉写道："云南，古荒服地，素称僻远。然俯瞰中州，雄踞上游，有高屋建瓴之势。自庄蹻王滇，以始皇之强，不能夷为郡县；汉武当全盛之时，威震四夷，乃得抚而有之；武乡侯将北征，必先定南中，以为根本；迄于有唐，四夷宾服，中叶失驭，遂使南诏称雄，凌砾巴蜀；宋不敢有，论者惜之；元人问鼎中原，首取云南，以扼其背；明小腆，亦据之以延祚者十余年。云南虽僻远乎，语其形势，关系大局之重。为何如也？民国以还，护国之役尤以一隅系全局安危，抗日之师亦以云南为反攻基地。历观往事，云南讵可妄自菲薄哉！"

改革前沿：新时代云南的企图心

从中国地图来看，云南是边陲之地，但从世界地图来看，云南则是亚洲板块的中心地带。时任昆明市委书记的仇和，在 2010 长江夏季论坛上所作的演讲说："云南是亚洲的地理中心，昆明是 5 小时航空圈的中心，亚洲 47 个国家在东亚、东北亚，西欧有 18 个国家，38 个国家都在云南周边。三十年河东三十年河西，三十年沿海三十年延边，吉林对朝鲜，甘肃对外蒙，新疆对中亚五国，西藏对尼泊尔，云南对南亚、东南亚、西亚、南欧、非洲五大区，23 亿人口占全球1/3，市场多大，（覆盖）107 个国家。光南亚、东南亚十几个国家，集中全球华商的 70%，华商资本的 90%，合作的潜力有多大。

所以正在构建的南北方向的国际大通道，泛亚铁路、泛亚公路，正在建设的深圳到广州、到南宁、到昆明，到缅甸、孟加拉、巴基斯坦、伊朗、土尔其。亚欧大陆桥使我们沿海外贸能够少走路。你分析一下，9％的海运，74％通过海运经台湾海峡才能进入印度洋，才能辐射东非、北非和欧共体，如果直接进入印度洋呢？南北方向国际大通道，亚欧大陆桥提升了云南的区位。站在北京看云南，边陲、遥远边疆贫穷落后；但是在地球看云南，云南是改革开放的前沿。"

这是在云南大力推广桥头堡战略背景下的演讲，如果我们闪回1930年代，会发现历史学家陈碧笙（公元1908年—公元1998年）也是这么看云南。1938年，他在《伟大的云南》里说："我觉得云南很伟大！"[1] 他的理由是："第一，对内的，我以为云南可能是中华民族抗战复兴的根据地；第二，对外的，云南应该是中华民族向南进展的根据地。"

早在1934年，陈碧笙就认为：

> 要保中国，先保西南；要保西南，先保云南；要保云南，先保滇边。这一类的话到了民国二十四年，实地考察边地时，有一次路过双江，遇见了一位云南支边工作同志——双江县长兼简师校长的李文林先生；畅谈之下，他坚约我在他所训练的未来殖边干部前作一次演讲，当时的演词当然不大记得了。最近由缅甸回来，在友人处看到了双江简师所出版的《边地丛书》。原来他们已经把我那一篇演词，连另外好几篇文章印成了一个单行本，名字叫做《云南边地与中华民族国家之关系》，里面不折不扣地写着我数年前对于抗战形势的一段预言，这就是："我们要保全中国领土的完整，收复已失的国土，不能不与侵略我们的敌人——日本拼命，

---

〔1〕 陈碧笙：《滇边散忆》，中国民俗学会影印，1976年。

要与日本拼命，不能不先建设两广、四川这两个根据地，要建设两广、四川这两个根据地，不能不先建设根据地的根据地——云南！"[1]

晚清以来，中国人过得太累，成为马克思所言"只能通过别人再现自己"的那一群人。茶一直在，云南一直在，我们最有兴趣的是，我们为什么要重提这样的历史？

---

[1] 陈碧笙：《滇边散忆》，中国民俗学会影印，1976 年。

第二章

茶：昔日的荣耀，今天捡回来了吗？

因茶而引发的讨论，自晚清以降，从未停息。因为茶在英国和印度的崛起，古老的中国茶丢掉了荣誉的光环，这一事件现在还如肉中刺，撩拨着国人神经。他们争论的到底是什么？是茶的籍贯，还是茶人的尊严？

一、焦灼百年的中国茶人

法国并非对中国茶业冲击最大的国家，近百年来，对中国茶业造成最大冲击的是英属印度茶和现在英国茶、日本茶。

吴觉农的反击：茶树原产地在中国

1922 年，吴觉农在日本留学，他非常反感在日本流传的一个茶传说。这个传说在今天中国也大有市场——茶是达摩祖师传来的。传说菩提达摩在少林寺面壁九年的时候，因为想追求无上觉悟心切，夜不倒单，也不合眼。由于过度疲劳，沉重的眼皮撑不开，最后他毅然把眼皮撕下来，丢在地上。就在达摩丢弃眼皮的地方，长出一株叶子翠绿的矮树丛，树叶就像眼睛的形状，两边的锯齿像睫毛。

1922 年，时年 25 岁的在日中国留学生吴觉农，有感于日人否认日本茶与中国的关系，愤而写成《茶树原产地考》，驳斥了英国学者提出的"茶树原产地在印度"的说法。

那些在达摩座下寻求开悟的徒弟，也面临眼皮撑不开的情况，有的徒弟就摘下一片又绿又亮的叶子咀嚼，顿时精神百倍。于是，大家就把"达摩的眼皮"采下来咀嚼或泡水，以此作为奇妙的灵药，使自己更容易保持觉醒状态。这就是茶的来源。[1]

吴觉农反驳说，怎么会呢，达摩到达中国的时候，是公元519年（梁武帝天监十八年），那个时候中国已经茶饮极盛，同期的史料中也有大量饮茶记录。[2] 把茶与印度联系起来，令吴觉农极度反感。这是因为，自从英国人宣布印度是世界茶树原产地之后，茶这个令华夏民族深感骄傲的物种，一夜之间居然成了外来之物，现在就连日本人也从多方面否认日本茶与中国的关系，甚至一些中国的留学生都受到影响，会对手中的橘子发问："中国也有这东西么？"吴觉农怀着悲愤的心情，在日本写成了《茶树原产地考》，率先对英国学者提出的"世界茶树原产地在印度"这一观点进行反驳。

茶承载着一个民族的历史，某种程度上也是华夏民族的精神图腾。现在仅仅凭借一个外国人所谓的"发现"，就把茶划为域外之物，这对到日本学西学的吴觉农而言是重创。对当时的中国人而言，重建民族自信心是一个大问题。甲午中日一役，彻底击溃了中国人的自信心。因为他们发现，经历过"同光中兴"的煌煌天朝上国，居然连长期向自己学习的弟子日本都比不上了！

鸦片战争后，中国才认识到自己与世界的差距。其后的西学东渐，拷问的不仅仅是老大帝国制度、军事、文化等层面的问题，还触

---

〔1〕 讲述这个故事的，以日本和中国台湾茶人居多，林清玄多次在自己的书中言及茶与达摩的关系。在国内以"达摩"命名的茶产品一样很多，显然也受到台湾文化的影响。

〔2〕 参见中国茶叶学会编：《吴觉农选集》，上海科技出版社1987年版。

及中国人的人性与尊严。

今天，面对日本茶，一些国人内心依旧难以释怀。中国茶传到日本后，任何一次回流都会带来一场讨论。压力在于，明明是我们自己的物质、自己的文化，为何凭空消失又凭空出现？一些讲日本茶的老师，甚至被扣上汉奸的帽子——吴觉农式的焦虑要如何消除？

"人有祖国，茶也有祖国"

1934年8月27日，《大公报》社评《孔子诞辰纪念》描述了这种心态："民族的自尊心与自信力，既已荡焉无存，不待外侮之来，国家固早已濒于精神幻灭之域。"后来，鲁迅发表《中国人失掉自信力了吗？》一文来回应。[1]

年轻的吴觉农说，中国失去茶树原产地之名，"在学术上最黑暗、最痛苦的事，实在无过于此了！"1987年出版的《吴觉农选集》，把《茶树原地考》置于首篇，编辑按语写道："在旧中国，尽管我国是世界茶叶祖国，但很少有人研究茶树原产地的问题。"人有祖国，茶也有祖国。"一个衰败了的国家，什么都会被人掠夺！而掠夺之甚，无过于生乎吾国长乎吾地的植物也会被无端地改变国籍。"

茶的原产地问题，并非小事。

吴觉农观察到，英国人自从在印度开辟茶园后，直接称呼印茶为"our tea"；而看到"China tea"的时候就多加丑化；是时，英国的教科书甚至把中国茶列为劣质茶。吴觉农之所以花很大力气组织人翻译美国人乌克斯的《茶叶全书》，就是因为这本书强调并重申了中国是茶树的祖国，其后他又多次引用了乌克斯的观点。

---

〔1〕 参见《鲁迅全集》第6卷，人民文学出版社1981年版。

吴觉农《茶树原地考》从饮茶史的角度，回顾了茶在中国的饮用、消费历史，也在植物学意义上对此进行追溯。他的爱国热情感染了许多人，之后有无数前往云南寻找和研究古茶树的继承者。1979年，吴觉农再次发表《中国西南地区是世界茶树的原产地》一文，加大了对各派学术观点梳理与评述的力度，并从地质学、植物学等层面上对茶树原地产问题展开论述。此时他在书中提到了在云南已经发现的各种大茶树。

黄楙材的发现：洋人想夺华茶之利

从云南到印度，并非一段漫长的旅程。然而印度阿萨姆茶与中国云南茶原产地之争，却显得漫长、焦灼。第一个到印度考察，并看到印度茶园的中国人，是江西人黄楙材（公元 1843 年—公元 1890 年）。1878 年，他受时任四川总督的丁宝桢（公元 1820 年—公元 1886 年）邀请，从四川、云南入印，在路上还对西南一带山川完成了命名——今天我们口中经常唠叨的"横断山脉"的名字，就出自黄楙材之手。黄楙材发现，四川、云南一带的山脉，有别于华夏他地，是南北走势，水也是从北往南流，而不是自西往东流，这里的山势切割了华夏大地！

1879 年，黄楙材一行抵达印度，在这里，他们看到从中国偷运出来的茶种，经多年培育已经成了规模。在《游历刍言·五印度形势》里，他写道：

> 英人新辟一地曰亚山，一名阿赛密，长一千余里，广三四百里，北界布鲁克巴，东界貉玁野人，东南界缅甸。四境多山，惟蒲兰布达江两岸，平壤膏腴，近年垦地种茶，渐致

繁兴。特延闽粤茶师，训导土人，每岁出茶十万箱，然终不若华产之良也。

按西人地图，亚山东北境，距江卡、巴塘不过直径二度，约五六百里。而近英人尝言欲从亚山开路，直抵滇蜀两省，较为便捷。此缘旧图之误，将藏地雅鲁藏布江连于亚山之蒲兰布达江，其实藏江乃大金沙江之上源，从缅甸以入海也。大小二金沙江之闲，尚有槟榔、龙川、潞音、澜沧诸巨流。自亚山以东，巴塘以西，江卡之南，腾越之北，中闲一段隔绝野番，旷古以来人，罕到其道里，远近无从稽考。然审其山川之脉，推其经纬之度数，广袤不下二千余里。山则重峦峭壁，无可梯绳，水则急溜奔泷，不任舟筏，虽有五丁力士，无所施其勇矣。[1]

国内对印度的认识还停留在古书上，黄楙材觉得问题日益严重：不仅许多史料和印度的现实根本对不上，即便是《海国图志》《瀛寰志略》这种新近之作，也是错漏百出。

黄楙材对英属印度最大的观感还在于，这里交通便利，火车铁路四达通衢，阿萨姆更是商货云集，轮舶往来，不仅欧洲各国之人悉萃于此，就连缅甸人、华人也来这里做生意。黄楙材感叹火车的"追风逐电，神速无伦"，也感叹电报"虽相距三千余里，然往复甚捷，无疑面谈"，煤气灯则彻夜光明，自来水供给百万人方便……这是一个全新的印度，中国的近邻，发生了翻天覆地的变化。

黄楙材注意到，中国茶叶与中国茶人——尤其是福建、广东茶人

---

[1] 葛士浚辑：《皇朝经世文编续》卷119。

——的外流，是印度茶产业迅速崛起的原因。而国内得到消息还是"英国人在阿萨姆种茶成功"，没人能想到他们居然有10万箱之规模的产量，而且还有日渐兴旺之势。不过，英国人对阿萨姆的关注，最开始却是因为这里气候宜人，是一个疗养胜地，许多受伤的军官都被安排到这里，开辟茶园是后来的事情。

黄楙材最引人关注的发现是，英国人在仿照川茶（边销茶）的样式，成包成砣——这显然是要销往西藏的，从大吉岭到西藏，一山之隔，路费既省，价格且廉。他从印度的报纸上获知，修建通往大吉岭铁路的申请已经获得英国当局的批准。这更加坚定了黄楙材的判断：洋人想夺取华茶在西藏之利。丁宝桢就是担心英军总有一天会入藏，才派黄楙材去考察印度。

近代中国，黄楙材是第一个深入印度考察的官员，与他同时代的许多人对印度的印象，则还停留在乾隆年间。传统观点认为，从阿萨姆到西藏，因为中间隔着锡金[1]，这一带山高路遥，崎岖难行，恐怕英国人不会选择这条路线。这种认识，是建立在乾隆年间福安康率军入藏的印象之上。当年为了驱逐尼泊尔的入侵，乾隆派8 000官兵入藏，打仗没有损失多少人马，却因为恶劣的气候夺走了近3 000人的性命。但是英军一旦把锡金纳入自己的势力范围后，天然屏障就消失了。

黄楙材的实地考察，综合了物产、交通等等多层面，他指出："余观英人不惜重费新建铁路，又令闽广之人住居其地，无非垂涎于藏地通商耳。"不然，这里又没有什么大都市，也不是什么商贾汇集之地，不值得那么破费。黄楙材也发现英国人的策略——重贿不丹、锡金等政权，这为的又是什么呢？还不是进图西藏！因此他建议在江

---

[1] 锡金现在是印度的一个邦。

孜、定日、帕克里等地整顿边防，同时又要与尼泊尔积极修好关系，以固藩篱。这些意见，都得到了丁宝桢的肯定。

10 年之后，英国入侵西藏，印证了黄楙材、丁宝桢等人的判断。

向印度茶学习：制茶新技术与新机器

黄楙材考察印度之后，直到光绪三十一年（公元 1905 年），才有第二次印度茶叶考察。江苏道员郑世璜带领一群人远赴印度、锡兰（今斯里兰卡）考察茶业，这群人中有在浙江海关担任副使的英国人，也有翻译、茶工、茶司等。郑世璜等 9 人在两国实地考察了茶园种植、茶叶采摘、制茶工厂、红绿茶制造工艺、制茶机械等项目，4 个月后回国，写出了《考察锡兰印度茶务并烟土税则清折》《改良内地茶业简易办法》等禀文，其后结集为《乙己考察印锡茶土日记》一书，是目前所见到当时最为详尽的印度茶业报告。

郑世璜后来在南京钟山、青龙山，仿印度锡兰新式种茶、制茶方法，建立江南植茶公所。1909 年湖北成立茶业讲习所，赣湘皖等省也先后成立了茶业试验场。翌年四川灌县创办通省茶业讲习所。1916 年湖南茶业讲习所成立。1918 年安徽设立屯溪茶务讲习所。1923 年云南也设立了讲习所。[1]

学习印度的机械制茶，是当时主流的舆论。孙中山在《建国方略》里说：

> 前此中国曾为以茶叶供给全世界之唯一国家，今则中国

---

[1] 参见陶德臣：《中国近现代茶学教育的诞生和发展》，载《古今农业》2005 年第 2 期。

茶叶商业已为印度、日本所夺。惟中国茶叶之品质，仍非其他各国所能及。印度茶含有丹宁酸太多，日本茶无中国茶所具之香味。最良之茶，惟可自产茶之母国即中国得之。中国之所以失去茶叶商业者，因其生产费过高。生产费过高之故，在厘金及出口税，又在种植及制造方法太旧。若除厘金及出口税，采用新法，则中国之茶叶商业仍易复旧。在国际发展计划中，吾意当于产茶区域，设立制茶新式工场，以机器代手工，而生产费可大减，品质亦可改良。世界对于茶叶之需要日增，美国又方禁酒，倘能以更廉、更良之茶叶供给之，是诚有利益之一种计划也。[1]

最先在中国推动机器制茶的是俄国人，1890 年汉口的俄商砖茶厂已经用机器取代了手工制茶。身在武汉的晚清大员张之洞，后来积极推动华商制茶机械化，但效果并不理想。一个主要的原因是，中国有太多闲置劳动力，一旦机械化就会导致许多人失业。许多茶厂顺应潮流，进口了制茶机器，但从未组装过。这就是由美国人类学家吉尔茨（Chifford Geertz）提出，黄宗智在《长江三角洲小农家庭与乡村发展》一书中详细加以论述的"内卷化"——劳动力过剩，反而阻碍了技术升级。

今天在茶界享有盛誉的百岁老茶人张天福，其主要的功绩之一就是设计、制造中国第一台手推揉茶机，结束了中国茶农千百年来用脚揉茶的历史。他还从日本引进萎凋机、揉捻机、解块机、干燥机等全套制造红茶的机械设备，推动制茶业由人工制茶过渡到机械制茶。

---

〔1〕 孙中山:《建国方略》,中国长安出版社 2011 年版。

1940 年，时任福建示范茶厂厂长的张天福，设计并制造了中国第一台木制手推揉茶机，为了"勿忘国耻"，他将其命名为"九一八式揉茶机"。图为张天福当年与他设计的揉茶机合影照。

民国年间，云南在传统茶区之外，又新开辟了一些茶园，从东到西都有。《腾冲县志稿》载，民国十二年（公元 1923 年），"龙江练绅首封镇国，于光宣间就该练辟荒地数百亩种茶树，熔制之法亦能研究得宜，每年可出茶五六十驮，其味较蒲窝旧日产者为良"。腾冲种茶，为后来的云南茶饮创造了许多历史。1990 年前后，云南许多地方的办公用茶都是保山的磨锅茶，后来用的是云南云龙的大栗树茶，现在才是用普洱茶。

光绪《罗平州乡土志》记载，罗平茶自 1905 年 "知州陶大始令栽植，首为提倡"。凤庆茶区 "始于清末，太守琦磷督饬实业团团长甘自东等倡种……惟茶自民元以还，年有推广，今已普遍霜植，产量亦多，为出口大宗"。[1]

根据张肖梅《云南经济》一书所作统计，民国年间，云南产茶区多达 30 个，分别为：昆明、宜良、路南、广南、大关、彝良、绥江、镇雄、盐津、大理、保山、昌宁、顺宁、蒙化、云县、缅宁、双江、景东、景谷、澜沧、镇沅、墨江、元江、镇越、江城、佛海、车里、南峤、镇康和宁江等。

百年后的再次学习：品牌化、标准化

从晚清开始，入印度考察茶业的中国人络绎不绝，他们带回了间种法、机器制茶法以及化肥施肥法等。百年之后，中国茶人再次走上学习道路，这次，他们需要学习的是如何塑造品牌和开拓市场。

2013 年 6 月 5 日下午，我们在昆明茶马司，与前来云南昆明参加南博会的印度萨哈里亚集团董事局主席、中印合作贸易促进会主席马

---

[1] 张问德修：《顺宁县志初稿》，1947 年石印本。

赫什·萨哈里亚（Mahesh K. Saharia）就中茶、印茶文化品牌和市场进行交流。

马赫什·萨哈里亚这次前来中国，主要任务是把印度红茶打入中国市场。"中国最近几年流行红茶，我们再次看到在中国销售红茶的巨大市场。"印度主要是生产红茶，而前些年中国却不是红茶的主要消费地，中国人甚至都不喝自己生产的红茶。

云南著名茶人邹家驹曾经就感叹："到了凤庆茶厂，都见不到几个喝红茶的。这里可是滇红的生产地，你自己都不喝，都不热爱，叫别人怎么热爱得起来？"但这些年，中国国内掀起了一阵红茶热，已经形成"万里江山一片红"的态势，连一些非红茶主产地——如龙井、信阳——也开始大量地生产红茶。在云南，古树红茶也成为一个巨大的卖点。普洱热与红茶热叠加，许多精明的商家都找到了二者最佳的结合点。

这些信息，也被印度人所掌握。马赫什·萨哈里亚说："你看，我们印度也有古树红茶，而且我们价格便宜。印度大吉岭上好的红茶成品才卖到400美元一斤，但中国最好的红茶价格已经上万了。印度红茶最大的好处还在于市场稳定，不像中国某些品类的红茶，价格大起大落。"

除了价格优势外，印度红茶还有一大优点：认知成本很低。茶叶是印度的支柱产业，国家有专门的茶叶局来管理行业，而非只是行业协会自我管理。印度三大红茶产地——大吉岭、阿萨姆以及尼尔吉里——都有专门的标识。在马赫什·萨哈里亚带来的茶品中，我们很快就可以辨别出这些茶来自哪里，是什么等级。

但中国茶，却做不到这点。马赫什·萨哈里亚说，他走访了许多中国茶企业，听下来很头大——感觉中国茶区多得让人无法记住，现在还有那么多的小村寨地名，茶的识别度很低。

印度有22个邦生产茶叶，年产量上百万吨。大吉岭茶与中国祁红、斯里兰卡乌伐季节茶并称世界三大高香茶。印度的茶叶生产实行许可制度，所有印度企业生产的茶叶质量得到政府的认可，才能获准适用印度茶叶局颁发的标识。这些免费使用标识一是品牌的象征，二也意味着质量保证。如果有企业作假，会面临着巨额罚款。

反观我们的茶品，那些QS认证是在食品大类范畴，有机认证也在农业大类范畴，专门针对茶的地理认证居然要企业承担费用。政府主导的行业协会与企业之间不是一种良性合作关系，反而是一种市场竞争关系。在我们周边，每年去印度考察茶业的人不计其数。在云南，诸如怎么把普洱茶卖到印度的文章也经常见诸报端，但真正去开拓印度茶市场的企业少之又少。

最后，马赫什·萨哈里亚还谈到一点，就是中国人一直以来都对外来事物抱有浓烈兴趣，比如佛教与茶的传播。事实上，很快他的说法就得到印证。

就在2013年11月，我们到香格里拉访问松赞林寺时候，就发现这里许多从印度留学回来的僧人都喜欢喝印度茶。这里每年大约有上千人前往印度学习，在印度学习期长达十多年乃至二十年，对茶的口感已经非常印度化了。他们都说印度茶比较暖胃，而比较接近这种感觉的只有普洱熟茶，但寺院大部分人得到的茶都是下关生沱茶。

最近几年，佛教变得非常流行。在"禅茶一味"的语境下，商家与文人都加强了对茶与佛教关系的研究，以"茶禅"为主题的活动，时刻都在举行。许多人把当下饮茶的氛围与唐朝做比较。那时候，佛教盛行，寺院兴茶，终把茶饮上升到国饮的高度。

但是，中国茶真正形成全球影响，还是在明清之际。

二、中国 VS 印度：茶叶原产地之争

在 19 世纪初期，茶叶是重要的物资。基辛格说，谁控制了石油，谁就控制了世界。对当时世界而言，茶叶就相当于现在的石油。

除了中国，英国人还能从哪儿得到茶叶？

英国与中国的贸易交锋，因为茶叶而处于被动状态，不得不从印度输出鸦片来扭转形势。1830 年代，中国"以茶制夷"的想法触动了许多英国人，他们害怕在茶叶问题上受制于中国。同时中国禁烟的呼声又让他们心有余悸，万一中国学习日本，也来个全盘闭关锁国，那么，英国人从哪儿得到茶叶？

茶叶是一个大问题。英国本土无法种植茶树，他们只能把茶树移植到其殖民地。所以，在印度开辟茶园，就被英国人普遍理解为一种爱国行动，就像他们倡导饮茶是对王室效忠那样。[1]

1792 年，英国政府派马嘎尔尼出使中国。他特意带来了几位科学家，从江西带走了一些茶树，后来送给了植物学家约瑟夫·班克斯。马嘎尔尼来华的时候，东印度公司的人嘱咐他，一定要多注意茶叶，它的价值很大，如果能在印度移植，就再好不过。马嘎尔尼回答说，如果茶能长在我们的领土上，那我们就不必仰给中国。

班克斯也到过中国，对茶树的生长环境方面的知识了解得很透彻。还在 1778 年，他就认为在印度北部可以种植红茶——这个时候，英国

---

〔1〕 参见〔美〕O. 瑞、C. 科塞：《毒品、社会与人的行为》，夏建中等译，中国人民大学出版社 2001 年版。

人以为红茶产自一种茶树，绿茶产自另一种茶树。这些茶树被放到了加尔各答的植物园栽培，长势都不错。但那时东印度公司对在印度大面积推广茶树并不热心：一方面，东印度公司垄断着中国茶对英贸易，没有寻找替代品的动力；另一方面，他们对在印度种茶缺乏应有的信心，毕竟中国茶的影响太深，消费者早已经形成了饮中国茶的理念。[1]

1834年，东印度公司的对华贸易垄断权被取消后，英国成立了专门的茶叶委员会，主要负责调查引进中国茶树和茶种的可能性，并开展实验性种植和引进中国工人。但要引进中国茶树、茶种是一件很不容易的事情，没有中国的官方许可，这些植物只能靠偷运引进。茶工也不容易招募，熟练的茶工在中国生活得也很不错，更何况中国政府根本不允许这些制茶秘密外泄。荷兰人曾经尝试招募的中国茶工，12个人先后被谋杀了。即便是成功到达印度，那些茶工的家人也会被中国政府追究连带责任。[2]

阿萨姆：景颇族和茶树都与云南同宗

根据乌克斯在《茶叶全书》里的梳理，在这关键时刻，英国人宣布了在印度发现本土茶树的消息，莫克塞姆在《茶：嗜好、开拓与帝国》里也将其当做转折点。

事实上，西方著作中有关印度人吃茶的记录一直没有中断过。最早记录印度人喝茶的，是荷兰人范·林索登1598年写的《旅行日记》。然而他的身份却不是什么作家、冒险家，而是一个葡萄牙主教的仆人。他以传教士的身份在印度生活了7年，所见的印度吃茶方式

---

〔1〕 参见〔美〕威廉·乌克斯：《茶叶全书》，侬佳等译，东方出版社2011年版。
〔2〕 参见〔英〕罗伊·莫克塞姆：《茶：嗜好、开拓与帝国》，毕小青译，三联书店2009年版。

很特别：拌着大蒜和油，当做蔬菜一起食用。印度人也会把茶放入汤中煮食。1815 年，英军驻印上校莱特重申了这一观点。

印度人这种把茶当做蔬菜的吃茶方式，与云南德昂族、景颇族、布朗族、傣族有着类似之处。煮茶是唐代的主流茶饮方式，唐代樊绰在《云南志·云南管内物产·卷七》中记载："茶出银生城界诸山，散收无采造法。蒙舍蛮以椒姜桂和烹而饮之。"陆羽的《茶经·六之饮》说："或用葱、姜、枣、橘皮、茱萸、薄荷之等，煮之百沸。"

今天藏族及蒙古族的人们饮用酥油茶和奶茶，还保留着这一习惯；从更大范围来看，在喜马拉雅山麓两侧的民族，都有这种食茶习惯——而这个区域，现在也是公认的茶树起源地。有学者认为，印度吃茶习惯是景颇族（境外叫克钦族）带进去的。景颇族是个跨境民族，分布在中国云南、西藏、缅甸和印度等地区。

在此，我们也想提出一个命题：为何流行清茶的地方，人均喝茶却是最少的？在中国，茶消费最多的区域——大藏区、蒙古区——都是混杂茶饮。从更大范围内来看，英国、土耳其等国，也是往茶里加奶、加糖等。但在功夫茶流行的地方，在"茶道"流行的区域，人均饮茶量却为何一直提升不起来？

2005 年 3 月 20 日，在中国国际茶文化研究会举办的"中日茶起源研讨会"上，日本茶业界学者松下智认为茶树原产地在云南的南部，并断然否认印度阿萨姆的萨地亚（Sadiya）是茶树的原产地这一说法，他认为印度茶是云南景颇族带到阿萨姆区域的。[1] 松下智在20 世纪六七十年代及 2002 年，先后 5 次去过印度的阿萨姆地区，均

---

〔1〕参见虞富莲：《印度阿萨姆不是茶树原产地——松下智先生谈茶树起源》，载《中国茶叶》2005 年第 3 期。

在西方人的记录中，印度人饮茶的方式比较特殊：要么拌着大蒜和油当蔬菜吃，要么将茶叶放入汤中煮食。这种食茶方式"统治"着喜马拉雅山的两麓。图为印度人饮茶的场景。

未发现当地有野生大茶树；反而发现当地栽培茶树的性状与云南大叶种茶相同，属于 Camelliavar. assamica 种。

他认为伊洛瓦底江上游的江心坡地带（与云南怒江州接壤），在中缅边境调整前属于中国。当时从云南到印度不需要经过第三国或绕道西藏，且印度阿萨姆的萨地亚离云南西北部最近（北邻西藏察隅），景颇族又主要分布在滇西一带，这样的迁徙完全有可能实现。另外，现今阿萨姆地区从事茶树种植业的村民有不少为景颇族，他们仍保留着类似云南景颇族的民居和着装等生活习俗，当地居民亦有嚼槟榔的习惯（这是景颇族的一种嗜好）竹筒茶的饮用方式也与云南一样。由此种种，他推断阿萨姆的景颇族和茶树都是与云南同宗同祖的。

查尔顿的重大发现：印度本地茶树

1825 年，布鲁斯兄弟在印度发现的茶叶和茶籽，辗转来到了加尔各答植物园的植物学家瓦立池（Wallich）手中，但瓦立池认为这不过是普通的山茶而已。种植在布鲁斯家花园里的茶却成长起来。布鲁斯对外宣称自己发现大量野生茶树，当地山民——Singphos，即景颇人——采摘叶子，若树太高就砍倒树。

景颇人知道并饮用茶叶已经有多年，但做法上与汉族人迥异。他们把柔嫩的叶片摘下来在太阳下干燥 3 日；其他叶片则稍微干燥，然后装入竹筒中，一边用枝棍填实，一边将竹筒在火上烘烤，直到竹筒盛满，再后用叶子封好竹筒口，放置于火塘上方有烟熏的地方。这种方法可以把茶叶保存数年之久。景颇人所在的地方到处是丛林，因为人们可以从森林中采摘到茶叶，所以他们从来不栽培。

1831 年，英国军人查尔顿也在阿萨姆发现了土产茶树，他同样把茶树寄给了瓦立池，说这种茶"晒干后有中国茶的香气"，苏迪亚人

（Sutiya）[1] 将这种茶树叶子晒干，然后冲泡成饮料饮用。这份植物标本很快死了，植物园也拒绝承认其为茶树。

1834 年，查尔顿又从萨迪亚寄了一些植物到加尔各答，说这茶树生长范围很广："在从这里到离这里 1 个月路程之外的中国云南之间的各个地区，到处都可以见到处于野生状态的这种植物。我听说云南也广泛种植这种植物。来自云南省的一两个人向我保证说，他们在那里所种植的茶树与我们这里生长的茶树完全一样。因此我认为这种植物是真正的茶树，这点毫无疑问。"[2]

加尔各答方面之前否认过多次像这样的发现，但这次的态度却不一样。因为这一年，英国茶叶委员会成立了，他们迫切地想在中国之外开辟茶园。所以，他们愉快地接受了查尔顿的茶树，并选择在圣诞节这个尤其重要的节日，宣布发现印度本地茶种。

茶叶委员会说，这归功于查尔顿等人的不懈努力："（这是）对大英帝国农业和商业资源来说最为重要和最有价值的一项发现。我们确信，通过恰当地管理，这种新发现的茶树完全可以成功地运用于商业种植，因此我们的目标将在不久的将来得到完全的实现。"多年之后，我们会发现，他们的目标有很大部分是针对中国的。

查尔顿发现茶树最重要的意义在于，这是在中国境外的发现；尤其关键之处在于，这一发现说明茶叶再也不是中国的独有之物。他们深知其中的意义——日本不过是移植了中国的茶树，但若印度本土就有，这就从根源上掐断了茶与中国独有的关联。

---

[1] 苏迪亚人，1187 年在萨迪亚地区建立了苏迪亚王国，后来被阿洪人建立的阿洪王朝征服。1822 年，阿萨姆地区被缅甸人完全控制，1824 年英缅战爆发，战败后缅甸把阿萨姆大部分土地割让给了东印度公司。

[2]〔英〕罗伊·莫克塞姆：《茶：嗜好、开拓与帝国》，毕小青译，三联书店2009 年版。

掐断这一关联非常有必要。进入工业革命后，英国对内急需要茶叶这样的精神饮料来刺激国民；对外，茶叶贸易提供的经费能够支持英国的海外扩张。

茶叶原产地的百年争端

英国人这一发现，并未获得广泛认同，至少美国人不认可。1935年，乌克斯在他风靡全球的《茶叶全书》里，坚持认为中国是茶树原产地之一。其实世界上也有不少人认为茶叶原产地在中国，1892年美国人瓦尔希人的《茶的历史及奥秘》，1893年法国人金奈人的《植物自然分类》，1960年苏联人杰莫哈节人的《论野生茶树进化因素》都持有这个观点。

1958年，罗伯特·西利写《对山茶属分类的修正》时，提出茶树种类有两种：中国茶树（camellia sinesis var. sinensis）和阿萨姆茶树（camellia sinesis var. assamica），但这个说法未获得认可。

植物学的拉丁学名，一旦完成，就永远不会修改。所以现在云南大叶种茶叶，学名还是阿萨姆种（camellia sinesis var. assamica），这是英国植物学家马斯特思于1884年根据印度大叶种茶树完成的命名。[1]

中国考古界的发现，也未能提供确凿证据。从1988年到1992年，

---

[1] 1981年，中国植物学家张宏达在其所著的《山茶属植物的系统研究》中，第一次将阿萨姆种的中文学名用"普洱茶"表示，同时还将伊洛瓦底茶（C. irrawadiensis）用"滇缅茶"表示。其后，在中国科学院昆明植物所闵天禄、中国农业科学院茶叶研究所陈亮、虞富莲、云南农业大学、云南茶科所等机构和个人的共同努力之下，研究不断深入：其中张宏达一系在1992年时，将茶组植物分成4系47种3变种；闵天禄则修正了张氏系统，将茶组植物归并为12种6变种；2000年陈亮、虞富莲等则在之前研究的基础上，再将茶组植物归并成5种3变种。

都有人报道湖南长沙马王堆汉墓随葬品中可能有茶叶，还有记载有茶的别称"槚"的简文和帛书，但这些发现都没有具体的出处，无法加以考证。云南植物学家闵天禄等人查遍英国各大标本馆，没有发现来自阿萨姆地区野生大叶茶的确切记录[1]，后去的植物学家则在英国发现了大理种茶树。

在考古无发现的情景下，调查和整理古茶树资源成为另一种有力手段。从英国人宣布印度是世界茶树原产地后，1950年代至1990年代，在云南西双版纳境内发现的八达大茶树（2012年枯死）和南糯山古茶树（1994年枯死），在红河金平发现的金平大茶树和在普洱发现邦崴大茶树，都被证实是世界上最为古老的大茶树。[2]其后云南虽然多次宣布发现有上千年的古茶树，但没有获得广泛认可。一个主要原因是测量茶树年龄是一个世界性难题，没有人拿得出令人信服的证据；另一个原因是地下考古尚没发现古代茶树花粉。

云南的古茶树资源，至今在西双版纳、普洱、临沧、红河、曲靖都有着广泛的分布。2008年，普洱市率先把历时3年考察古茶树资源的结果整理出版了《走进茶树王国》一书。这本书具有极高的学术和研究价值，不仅把36万多亩古茶园、45个野生茶树居群和古茶山分布清晰明朗化，还把古茶树种植资源的种类、形态特征、利用价值都作了详细的说明，他们用大量的实证资料论证了云南是世界茶的原产地和栽培中心地。

其实，夹杂在中、印两个大国之间的越南、缅甸、老挝、柬埔寨，都有古茶树资源。是他们至今保持沉默，还是我们为了抢夺话语

---

〔1〕 参见闵天禄，《世界山茶属研究》，云南科技出版社2000年版。
〔2〕 参见陈兴琰主编，《茶树原产地——云南》，云南人民出版社1994年版。

权而故意视而不见？同时，还有更古老的茶树资源没有整理出来，寻找古老茶树这项使命，从罗伯特·布鲁斯以来，从来没有中断过。

云南大叶种：波兰人卜弥格的发现

欧洲一幅现存最早的茶叶版画，也把与茶叶有关的故事引向云南。1667 年，在意大利罗马，梵蒂冈博物馆的创建人、罗马天主教廷的首席博物学家阿塔纳修斯·基歇尔（Athanasius Kircher，公元 1602 年—公元 1680 年）出版了"中国百科全书"《中国图说》[1]，其中有一幅精美的版画，刻画的正是云南特有大叶种茶树，下面介绍文字为"cha"。一个从未踏足中国的人，怎么会掌握那么多中国知识呢？当然是来自西方书籍中的各种介绍，其中最重要的参考书是波兰人卜弥格（Michel Boym，公元 1612 年—公元 1659 年）于 1656 年在奥地利出版的《中国植物志》。一些学者认为，这幅画所描述的对象，就是云南的大叶种。[2]

卜弥格是天主教耶稣会传教士，也是马可·波罗研究专家，他还是第一个将中国古代科学文化成果介绍给西方的欧洲人。明代以来，中国茶、瓷、丝对世界产生了深刻影响，怀着拜访与传教心态的卜弥格经过 3 年航行于 1645 年抵达中国。出乎意料，他正赶上中华帝国的新一轮的改朝换代。这一年，刚好是李自成与史可法身死，大顺政权灭亡，大清已经开始了新的统治时代。来到中国的卜弥格在战乱中几经流转，政权的频繁更替使他的大明签证无法深入到中国内陆，只能在海南一带活动，最后不得已重返罗马。

---

〔1〕 此书中文版于 2010 年由大象出版社出版。
〔2〕 参见张普：《普洱茶姓什么》，载《普洱》2009 年第 1 期。

在清顺治十五年（公元1658年），卜弥格抵暹罗。此时大清王朝的统治根基已经稳固，永历小朝廷被赶到了云南边境的腾冲，4年后永历帝被吴三桂绞杀于昆明。于是卜弥格只能徘徊于腾冲一带，无法深入到传统中原地区，这导致他写作《中国植物志》的取材范围只限于海南、广西和云南一带。在《中国植物志》里，卜弥格记录了云南的多种珍稀动植物，"云南茶"的概念最初出现在西方视野，就与这本书有关。

偷盗茶种与技术的植物猎人们

英国人完成对茶的再命名后，对茶树资源的掠夺并没有停止。一方面，成立了阿萨姆茶叶公司，在印度广泛培育茶园；另一方面，加强了对中国茶树的盗窃，这都给中国的经济和政治带来了巨大的影响。

1836年，茶叶委员会在印度的负责人戈登，在广州找到了愿意前往印度的中国工人。他送回加尔各答的8万颗茶种也都已经发了芽，这些茶苗被送到不同的地区做生长观察，以便获得最适宜茶树生长的环境。这种事情当然少不了发现茶树的查尔顿和布鲁斯，两人以前为争茶的发现权吵得不可开交，后来英国政府搞了个均衡政策：两个都有功、都奖励，每人一枚金牌，只有布鲁斯早死的兄弟什么也没有得到。

如此大规模种植茶树，并不是那么容易的事情。送往阿萨姆的茶树，没有几天就被当地的牛啃了个精光，两万棵茶苗只剩下55棵。就在这些特派员深感绝望和心碎的时候，他们意外地发现，在雅鲁藏布江以南的地方，到处是成片的茶园。这些茶树有些高达13米，周长近1米，这修订了他们之前所见过的中国茶园印象。毫无疑问，在印度种茶阿萨姆是最佳的选择。

阿萨姆有着充沛的降雨量，有着高大茂密的森林，也有凶猛的老虎和野象。这些吓不倒布鲁斯之辈，他们驯养野象，以其代步、运茶。中国茶苗经过3年的培育，在1839年终于可以采摘了。布鲁斯这个时候已经当了3年的植物园总监，他把12箱茶叶发回印度，作试探性销售。1先令每磅起拍的印度茶，结果被一个爱国者以5先令拍到，而最高价格居然拍到了34先令每磅（1.7英镑）。这在英国引起了巨大的轰动，布鲁斯茶园计划也传回了英国，投资1228英镑可以建10片茶园，利润有2327英镑，要是投资100片茶园，其利润可想而知。

英国资本闻风而动，千亩茶园指日可待。1839年2月12日，就在林则徐前往广东禁烟的路上，英国阿萨姆茶叶公司成立了，他们的标志就是1棵茶树和1只大象。

到1840年底，他们已经种植了11万平方公里的茶园，出口了10202磅茶叶。阿萨姆茶叶公司发展很惊人，1848年开始盈利，1852年开始分红，到了1855年，产量高达58.3万磅。[1]

1866年，与西藏接壤的大吉岭开始种茶。英国人打败了锡金，吞并将近3000平方公里的土地，并将这里发展成为优质红茶的种植基地。到1874年，大吉岭拥有113个茶园，占地73平方公里。

因为戈登之前从中国带回的茶种质量不高，阿萨姆公司遂派罗伯特·福琼（Robert Fortune）继续去中国盗窃茶种和茶苗，并偷偷深入学习种茶方法，继续寻找茶工。[2] 当时欧洲人尚不知红茶和绿茶源于相同茶种，以为红茶是红茶树长出来，而绿茶是绿茶树长出来的。

〔1〕 参见〔英〕罗伊·莫克塞姆：《茶：嗜好、开拓与帝国》，毕小青译，三联书店2009年版，第102页。

〔2〕 参见美国Discovery频道节目：《罗伯特·福琼：茶叶盗贼》（Robert Fortune, The Tea Thief）。

福琼发现，两者其实出于同一茶种，只是加工方式不同，这一说法一度在英国引起争论。

福琼隐藏盗取茶树种子的目的，雇佣中国人为向导，并将自己头发剃掉，化装成中国人深入到中国官府禁止外国人进入的地区。福琼在多个产茶区，运用各种手段获取茶树种子和栽培技术，将茶树种子经上海转运印度。1848年，福琼给英属印度总督写信报告："我已弄到了大量茶种和茶树苗，我希望能将其完好地送到您手中。"

1839年至1860年间，罗伯特·福琼曾4次来华。1851年2月，他通过海运运走2000株茶树小苗，1.7万粒茶树发芽种子，同时带了8名中国制茶专家到印度的加尔各答，直接催生了目前印度及斯里兰卡兴旺发达的红茶产业。[1]

福琼在偷盗制茶技术的过程中，进行了认真的植物学研究，并发明和完善了长途运输植物的技术。他将其在中国的经历写了4本书：《漫游华北三年》《在茶叶的故乡——中国的旅游》《居住在中国人之间》《益都和北京》。在英国，福琼是为国家做出杰出贡献的植物学家；在中国人看来，他是一个成功的超级盗贼。福琼的活动导致了中国制茶行业的衰退，使中国最重要出口产品的贸易额大幅度下降。

茶叶话语权中的文化帝国主义

莫克塞姆在《茶：嗜好、开拓与帝国》一书中，死活都不承认印度茶产业是依靠中国茶树发家的。他坚称阿萨姆地区的茶种为土生，还污蔑中国茶树与印度茶树杂交后破坏了土生茶种而产生负面效果。

---

〔1〕参见〔英〕托比·马斯格雷夫等著：《植物猎人》，杨春丽、袁瑁译，希望出版社2005年版。

他用了乌克斯《茶叶全书》里的许多史料，却对乌克斯的观点视而不见。其他几位英国作者要老实得多，《植物猎人》和《改变世界的植物》都承认了他们的茶叶掠夺行为，美国 Discovery 探索频道节目《罗伯特·福琼：茶叶盗贼》，一开始就说大吉岭茶园其实就是茶叶盗贼掠夺中国的成果。

莫克塞姆这种令人厌恶的帝国主义态度，也表现在他谈及鸦片贸易的部分。他坚持认为英国输入鸦片是基于中国需求，不反思鸦片贸易给中国带来的灾难，也无视 20 世纪初英国国内因为贩卖鸦片而引发的道德反思。这种逻辑很可怕。英国当初企图用轻纱来打开中国市场，但失败了。他们的意思就是，我们送好的东西你们不好，那么我就送来坏，结果你们要了，能怪我们吗？还有一点，莫克塞姆对曾经为英国带来辉煌的殖民地阿萨姆也没有什么好感——"这里只有令人厌恶的人种"，而完全忽视了几十万劳工所做出的贡献。

文化帝国主义在西方根深蒂固。

印度茶叶实现机械化大生产

随着茶园面积的扩大，制茶机器也开始诞生。1872 年，杰克逊第一次制成揉茶机，并在阿萨姆茶业公司的希利卡茶园中装置使用。很快，机器制茶代替手工作业。1877 年，弥尔·戴维德逊发明了西洛钩式焙炒机，以热气焙炒取代炭炉炒茶，随后他的工厂也由 7 名工人一跃发展到拥有千人以上的大工厂。1887 年，杰克逊将原来的压卷机进一步提高为快速压卷机，统治市场长达二十余年。戴维德逊的焙炒机，发展为上下通气式的西洛钩，其他制茶机也不断出现。19 世纪末，印度已实现揉茶、切茶、焙茶、筛茶、装茶等各个环节的全面机械化。

罗伯特·福琼（Robert Fortune）先后四次来华，盗走茶苗、茶种及制茶技术，直接催生了印度及斯里兰卡的茶产业。图为福琼所绘华人担茶图，茶箱里装的是君眉。

机器的出现，又反过来推动了茶园的扩张。1880 年，印度茶叶的种植面积达到了 843 平方公里，茶叶产量达 4 300 万磅。因为中国茶需要缴纳 35% 的关税，而印度是零关税，所以印度茶速度占据了英国市场。到了 1888 年，印度茶产量高达 8 600 万磅，英国从印度进口茶叶的数量全面超过中国。

莫克塞姆骄傲地写道："大英帝国的一个梦想终于实现了。"

是的，英国人在阿萨姆，复制了一个中国故事。

茶叶带来的影响，远甚于千军万马，因为后者是为前者服务的。为了打倒中国茶，英国人甚至从娃娃抓起，在教材里教导孩子"中国茶是如何差"的知识。教材的力量大家都知道，不是么？

1888 年，为了向中国就近倾销茶叶，英军悍然发动第一次侵藏战争。这场战争的结果就是，清政府与英国先后签订了《藏印条约》与《藏印续约》，承认锡金（条约称为哲孟雄）归英国保护，开放亚东为商埠，英国在亚东享有领事裁判权以及进口货物 5 年不纳税等特权。从此，西藏门户洞开，印茶长驱直入。

三、来自法国普罗旺斯的茶人

2005 年，两个法国普罗旺斯的女人海蒂和李琴来到云南茶山，按照当地传统的方式压制普洱茶。她们把自己的茶店命名为天地普洱茶肆[1]。在海蒂和李琴看来，茶就是沟通人与天地的最好的草木，茶也是"最中国"的文化符号，里面有江山，有历史，也有礼仪。

---

〔1〕 天地普洱茶肆网站的网站：http://www. the-puer. com。最后访问时间：2014 年 8 月 19 日。

图为海蒂与李琴设计的七子饼茶。两位身着汉服的古人，在天地山水间相对作揖，充满了中国传统的人文气息。

卖中国茶，也卖中国文化

在云南普洱茶七子饼的包装封面上，她们设计了两位身着汉服的古人，在天地山水间相对作揖。服装在礼仪层面的价值，最近几年颇受茶界关注，从汉服、唐装再到茶人服的出现，体现了远追汉唐，直指当下的一种"盛世观"。

海蒂和李琴来到云南茶区考察，发现本地茶人都喜欢穿宽松的棉麻衣服，许多布料都是当地土法制造，甚至茶的包装纸的制作工艺也都是来自民间传承的古老的造纸术。从衣着到饮食，再到纸张、文字，中国特有元素再次散发出独特魅力，以至于她们也要参与其中，卖中国茶的同时，也"卖"中国文化。

我们周边有许多专门售卖茶人服的公司，江西泊园、北京清一等，如果在正规场合，不穿茶人普遍认可的服装，就会遭到白眼。我们多次听闻著名茶人王琼教导身边的茶人衣着对于茶事的重要性。

在勐海国威酒店边的益木堂，老板黄宏宽为了见我们，特意回家换了一套茶人服。令他最为骄傲的不只是茶，而是他为茶所做的包装——益木堂所有的包装纸，都采用了勐海下辖曼召村所生产的原生态纸张。"这些包装纸每一件都是艺术品，可以装进任何一种茶，可以与任何一种纸张进行 PK。"对于这点，他充满自信。

在这茶堂，他精心布置了一个为茶而生的空间：茶，灯光、木头、纸张、器皿，还有人。他选择在最好的酒店边开茶店，是为了遇到更好的茶人。

普洱茶：以传统方式回归自然

在她们的网站上，是这样介绍普洱茶：

什么是普洱茶?

1. 普洱茶是大叶种,分为大树茶、古树茶、台地茶。她们做的是大树以及古树茶。

2. 生产区必须是澜沧江(湄公河)流域,主要产地是西双版纳、临沧、思茅、普洱。

3. 普洱茶是阳光干燥,而不是通过烤箱。

选择普洱茶的三个要素:

1. 产地(山或村),味道干净,海拔高度,日照以及茶园管理等。

2. 树龄。

3. 年份以及陈化的香味。

海蒂和李琴采纳了普洱茶源自普洱府的说法,也点出了今日宁洱小镇的衰落。它的显赫地位在许多年前就被勐海取代。她们认同小手工作坊的理念,而非大厂做法。

2013 年 4 月,我们在普洱相遇。[1]

李琴说,小时候,她帮妈妈去商店买东西,第一次看到云南沱茶。后来家里也开始饮用,可以说云南茶伴随她的成长。每年春秋,她们都会到云南,把茶带回普罗旺斯。

2005 年,李琴和海蒂去越南玩的时候,拐个弯儿到了云南。之前她们就听说过,中国有一个和西藏邻近的云南省,那里有着生长了几百年的古茶树,在过去的几十年里,被人们遗忘在深山。她们还得知,来自这些古茶树的叶子,在几百年以前就开始被制作成著名的普

---

〔1〕 感谢彭谨薇小姐,本章节引用文字多出自她的翻译。

洱紧压茶，从云南运往西藏和中国的其他地方。压制成圆饼的普洱茶，不仅方便运输，也便于长期保存，在之后漫长的时光里还会慢慢发酵，成为风味独特的陈茶。

"一个向导把我们带到了山上，去探寻古茶树。"李琴说。在后来的旅程中，期待许久的古茶树给她俩带来了强烈的震撼，和淳朴的村民之间愉快的相处，也让她们留下了极深的印象。海蒂和李琴把茶叶带回了法国，在位于普罗旺斯大区的洛里（Lauris），她们俩经营的画廊里，给客人品用。

从 2009 年开始，她们俩开始尝试制作属于自己的品牌茶叶。"从此之后我们开始从事茶叶贸易，一切都仿佛是注定等待着我们的，我们从云南的茶农那里学到了很多。"李琴说。

她们在每一座茶山只选 30 公斤的茶，这意味着她们一年将要制作几百公斤茶。这不仅仅只是与茶相关，也是对于人文、自然和收获的尊重。然而，几年过去后，根据探寻到的不同产区茶叶的特点，她们所销售普洱茶的种类已经十分丰富。

"如今每一次收茶的季节来临，我们都和那些之前就有所了解的茶农家庭一起工作"，李琴强调说，她们全程参与制作，以此来保证产品的品质。

"我们的目标是以传统、回归自然的方式给欧洲人介绍普洱茶，我们了解这些茶树、土壤以及数十个合作的茶农家庭。我们只从那些可以长久合作的茶农手里购买成品茶。"她继续说道。这两个来自普罗旺斯泉水小镇（Fountain Vancluse）的女士全程参与监制普洱茶，包括亲手从中国邮局发货至洛里的小邮局。甚至连包装，都是选用当地人制作的纯植物手工纸，由海蒂设计图样，在云南当地制作。

叹为观止的傣族造纸术

傣族创造了灿烂的茶文化，也创造了令人叹为观止的造纸术。我们造访过的勐海县勐混镇曼召村，至今还保留着傣族传统手工造纸的技艺。手工纸的主要原料是构树皮。构树（Broussonetia papyrifera）别名褚桃等，为落叶乔木，具有速生、适应性强、分布广、易繁殖、热量高、轮伐期短的特点，分布在印度锡金、缅甸、泰国、越南一带。

曼召村主要在缅甸采购原料，然后经由手工制作，通常需要经过取树皮、浸泡、煮、清洗、捣纸浆、漂浆、抄纸、晾晒、打磨抛光、揭纸等十余道工序，才能生产出一张手工纸。手工纸最初是用于佛事活动，如抄写经书、剪纸等；后来广泛用于生产生活，如制作纸伞、纸篾帽等；现在则主要用于包装行业、绘画领域及制作纸工艺品等。因为普洱茶的大热，我们走访的几家作坊，一年手工纸的销售都能过200万元，曼召村有180户近800人在从事这项傣族传统手工造纸技艺。

"法国情怀，中国味道"

普洱茶，无论在法国，还是在中国，都常常被人们与红酒相提并论。

普洱茶每一个茶饼都有自己独有的特点，从出产的山头、采摘、制作、紧压，到最后印上生产日期标签，都和红酒类似。"普洱茶确实和红酒有些共同点，至于喜欢新茶还是老茶，那要看个人的爱好。"李琴如此向她的法国客户介绍。

"天地"普洱茶在泉水小镇的总店成了销售中心，辐射全法国的其余4个销售点。"这个经济项目，一开始因团结合作而诞生，更像一个协会。但我们想在将来把它建设成一家企业。"李琴说，"为了持续保证高品质，我们会一直坚持合理的产量。"

海蒂和李琴在云南认识的第一个茶农，现在已经拥有自己的小加工厂。"我们不是这些茶农唯一的生意来源，但是可观的茶叶销售意味着生活水准的提高。"李琴指出："可观的销售收入意味着可以盖更好的房子，让他们的孩子继续上学。这对经济发展有帮助。我们确信，只要茶农把茶卖出去，对经济和文化的进步就会有帮助。我们和这里的茶农之间有着千丝万缕的联系。他们很高兴知道，远在法国也有人欣赏他们的文化。"

在徐洪波的茶店，我们送了她们一些云南普洱茶厂生产的销法普克沱茶。在这款产品的铁盒子上写着："法国情怀，中国味道。"昔日的法国欺辱中国的历史被短暂地忘记，商人与政府都期望借助商品来达成某种共识。

是年，普洱市正在借鉴法国葡萄酒庄园模式经营普洱茶，许多当地茶企前往法国考察。波尔多葡萄酒产区利布尔内（Libourne）还与普洱签署贸易协议，促进双方产品销售。利布尔内市长菲利普·布伊松（Philippe Buisson）说："葡萄酒和茶叶两大产品拥有很多共性。普洱茶每年都是手工采摘，并贴标注明年份，陈年潜力可达 50 年。茶叶的口感像葡萄酒一样，也会受到生长期、土壤和天气状况的影响。"同时茶叶还可发酵，将菌类从苦味的口感转化为更为圆润、柔和的风味，这个过程类似葡萄酒的苹果乳酸发酵。在有益健康的层面上，普洱茶与葡萄酒也有许多可比性。它们的价格也可匹敌，好的葡萄酒和好的普洱茶都昂贵无比。

在日常生活中，许多人说："你看，普洱熟茶的汤色，与法国葡萄酒多么相似！"蒙顿茶膏推荐的品饮方式，就是把茶膏冲泡在高脚杯里。云南有几个地方的葡萄，也都是来自法国的品种。

2013 年 4 月，周重林与海蒂、李琴在普洱相遇，居间翻译的是彭谨薇小姐。

美国七碗茶公司的掌门人奥斯汀说，美国人本来很少消费红酒，但现在红酒也把美国征服了。他在美国推广云南普洱茶，也是看到茶酒之间太多的共同之处。

为了打入这个有着普洱茶消费基础的市场，普克茶甚至为法国人量身定制，研发出许多种口味：草莓味，玫瑰味……国内报刊杂志上已有人撰文，分析云南普洱茶与法国葡萄酒的共同之处，表达出一个美好的愿景：法国葡萄酒征服了世界，那么，中国云南的普洱茶呢？

我向海蒂和李琴仔细询问了这些茶在法国的销售区域。他们说："我们开始过上传统茶生活的时候，中国却开始了速溶茶之路，这真是令人意外。"确实，她们做着最传统的普洱茶，一切以云南标准来选取制作，但中国与法国的发展轨迹不在一个时间点上。比如普洱茶膏，以前只是普洱茶类别中的点缀产品，但现在因为有蒙顿茶膏的努力，一下子变成一个新兴的大产业。

路易十四的"东方树叶"

事实上，云南茶得以进入法国，与其药效有很大关系。茶具备药的属性，从它一开始出现在汉语中，这一点就被反复强调。虽然中国历代许多士大夫都企图在艺术层面对此加以修正，但"接触之初"的受众群体，好像更愿意接受其保身安命的特性。在日本，有"吃茶养生"说；在英国，它是"包治百病"的仙草；在法国，一开始它是"神奇的本草"，后来的云南茶则赶上了富裕病流行的时代，人们需要通过这种"东方树叶"来调理身心。

路易十四昔年饮茶，是因为一个传说——中国人和日本人都没有心脏病，就是因为饮茶之功。法国人在 1986 年所做的云南沱茶医学报告，至今依旧被广泛引用。法新社报道说，中国的"云南沱茶"使

20 名血脂含量很高的病人血脂降低；《费加罗报》医学专版则报道说：第一个月，患者每天饮 3 杯云南沱茶，血液中脂肪含量降低了22%；第二个月，患者每天饮 3 杯普通茶，检测结果显示血脂无任何变化。[1]

鼓动法国医学界研究云南沱茶的弗瑞德·甘普尔（Fred Kempler），也是最早把云南沱茶引入法国的人。他想印证一个梦幻般的理论，就是云南沱茶有极强的药性，像仙丹一样能够让人类在极端恶劣的情况下生存。

"二战"期间，甘普尔是戴高乐将军法国军团对英联络官，英国军官中有许多人到过西藏。他们告诉甘普尔："藏民长期喝奶茶，才能够在世界上最恶劣的自然环境中生存。要说茶，云南是最棒的。"在西南一带，经常能听到藏茶能救命之说，加上英国军官与甘普尔分享他们从西藏带回来的云南紧茶，甘普尔就再也难以忘记那种汤色如法国白兰地的茶汁，酷似心脏的茶形和隽永陈香的茶味。自此，云南沱茶成为甘普尔难以释怀的心结与情结。在诺曼底登陆时，甘普尔从飞机上跳伞，唯一怀揣的就是云南沱茶。

多年来，他四处收集云南沱茶。1960 年代，他从几个流离失所的藏人手上购得一个紧茶，后来也去香港淘茶，第一次就购买了 1.2 吨茶叶回法国。把云南沱茶引入法国，是甘普尔最大的心愿。他先委托昆明医学院第一附属医院做医学报告，报告显示饮用云南普洱沱茶医治高血脂症 55 例，与疗效好的降脂药安妥明治疗的 31 例对比，云南普洱沱茶的疗效明显更高。最让人兴奋的是，缓治不伤身，长期饮用普洱沱茶无任何毒副作用。

---

〔1〕 参见邹家驹：《漫话普洱茶》，云南民族出版社 2004 年版。

法国巴黎安东尼医学系临床教学主任艾米尔·卡罗比医生，也用两组患者作对比临床试验。结果证明，云南普洱沱茶对人体减肥效果显著，特别对人体中的类脂化合物胆固醇、三酸甘油酯和血尿酸等，都有不同程度的抑制作用。随后，法国里昂大学又从理论的层面，对云南普洱沱茶进行全面的理化分析。他们还为此出版了一本专著，详细阐述了云南普洱沱茶的化学成分，图列了相关的分子结构。自此云南普洱沱茶在法国有了"名分"，入了保健食品的"药典"。

邹家驹笔下的甘普尔幽默风趣，又认真严谨，正是他的不懈努力，让云南茶得以在法国行销开来。邹家驹自己又讲述了在法国的见闻，他去法国访问甘普尔，在酒店遇到一个瘸腿的"二战"老兵，从他们随身携带的沱茶中，认出云南之物：

> 灌水的是一个六十来岁、左腿微瘸的、叫查理的老人，夜里值班，他会讲英语："你们要喝到天亮啊。"我笑笑，没有解释。再次下楼要水，带了一个沱茶当礼物。他拿到沱茶，双手颤抖起来，眼早滚下两行泪珠，不停地说"FUX-ING，FUXING，YUNNANFUXING"。我傻了，又听不明白，问"FUXING"什么意思。他说是中国人赶走日本兵，恢复国家的意思。我终于反应过来，他说的是1940年代昆明复兴茶厂生产的"复兴"牌沱茶。"滇军厉害。"他翘着大拇指，又指指左腿，"滇军打瘸的。"我不去管老宋等水喝茶，同他聊起来。[1]

---

〔1〕 参见邹家驹：《漫话普洱茶》，云南民族出版社2004年版。

查理在"二战"后法国登陆越南时与滇军作战受伤，成为滇军俘虏。他对滇军随身携带的两件东西印象深刻："一个小铜炮大小、竹制、黄色的水烟筒，一块便于携带的沱茶。"在那个缺药少粮的年代，茶叶能活命。这样的小沱茶并不便宜，当时在西藏，能换到一头牛。

这是法国人与云南茶的另一段往事，在邹家驹那里，我们找不到吴觉农式的焦虑，故事美好得令人时刻都会想起。

1980 年代初，云南销法沱茶进入法国。里昂的设计师珀朗·瑞吉（Pelen Regis）设计了一款海报，一尊佛像巨大的头部前方放了一盒沱茶——茶与佛，云南茶与西藏的意象再次获得广泛传播。

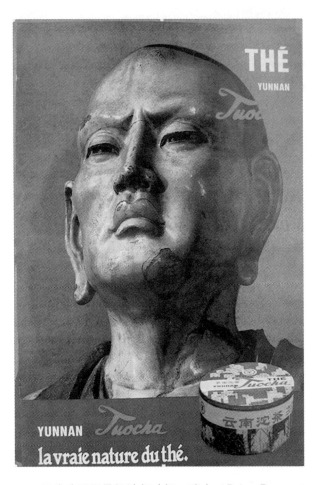

图为法国里昂设计师珀朗·瑞吉（Pelen Regis）设计的一款海报，佛像巨大的头部旁边是一盒云南沱茶，把西藏、佛教信仰与茶饮结合得天衣无缝。

第三章

茶马古道上的茶叶复兴

长期以来，北纬39°及其以北无法种植茶叶，这决定了许多区域只能从南方购买茶叶，这是茶马古道形成的根本原因。随着茶叶的"远征"和渗透，茶的精神属性也慢慢浮现。沿途城镇弥漫着茶香，有着独树一帜的茶生活。南来北往的马帮故事，早已经成为当地家喻户晓的传奇。

一、张毅：普洱复兴的关键人物

易武位于澜沧江北岸，紧接老挝边境，土壤、日照和降雨量都非常适合植物生长。所以这里森林密布、草木茂盛，当地人对什么都实施放养政策，大茶树是这样，牛马羊鸡猪也是这样。初到易武的人，往往会把林里乱窜的家猪当做野猪来打，一些户外爱好者甚至会带着弓弩到林中射杀那些到处游荡的家鸡。前些年，为了招待远道而来的客人，还有人去森林里猎杀熊。这些年环保意识强了，已经很少听到"到易武吃熊掌"的传闻。

曾经一度凋敝的易武古镇

在易武古镇上，崭新的老式建筑无处不在，新刻的牌坊上写着"车顺号""同庆号""宋聘号"，还有一些名人故居，风雨飘曳中的老建筑，斑驳的古道，侵蚀到石块里的马蹄印以及记载有茶叶历史的"茶案碑"和六大茶山博物馆：一切都在诉说一个与茶叶有关的繁华故事。倘若不是1970年的一场意外火灾烧毁了大半个易武，我们眼前的古镇会带来更多遐想的空间。

1994年，台湾茶人曾至贤第一次来到易武，发现这里非常凋敝，甚至是令人失望的。"两条街，一条是老街，一条是主要干道，一间小吃店，几家杂货店，几乎无外人沓至。"易武晚上没电灯，只能点蜡烛。"洗澡更是只能利用三更半夜，穿着短裤，躲在古井边，迅速以类似军火战斗澡的方式解决，生活及交通等不方便。"[1]

事实上，2004年，我们第一次到易武的时候，住的旅社也极其简陋，不仅无法洗澡，床和枕头都硬得无法入睡。半途还遇到停电，一群人只好走到院子里，围在火炉边，边烤土豆，边喝茶话古。老乡送的茶，都是一饼一饼，嘱咐我们开了随便喝。但到了2008年，我们再来的时候，就发现已经享受不到送饼茶的待遇了。我们拿到手里的都是茶样，塑料小袋一袋袋包装好，一些老乡也不再与我们直接交谈，他们大部分都有了经纪人。想多要点，给钱！我一度很怀念当年的场景：离开易武时，当地人拼命往你包里塞茶，生怕给少了；而我们呢，生怕背多了累赘。短短4年之后，买个易武茶都要托关系、找熟

---

〔1〕 曾至贤：《见证普洱茶一个历史时刻》，载《云南省第二届普洱茶国际研讨会论文集》，2007年。

人——易武茶的生态链已经悄然改变。

曾至贤同样感受到了易武的变化，他感慨道："当时小镇给我们这批南方客的感觉是热情，是坦诚相见，所看到、所拍摄的都是朴实的古老村庄模样；如今，发达后，那种人情味早已消失得无影无踪。当初海峡两岸茶人等共同为易武重塑第二春的那种傻劲，也完全被抹煞。大家现在开始争是谁重新唤起国人对普洱的热情？谁是开疆辟土的功臣？甚至谁做了第一块传统的元宝茶这个问题，都被人为扭曲掉。功利？名禄？自古以来，所争恐怕都是如此罢！"

做茶人，不来这里，能做出什么好茶？

普洱茶的话语权之争，开始在山头间展开。2006 年左右，普洱茶界有几句流传甚广的口号，我整理了一下，大致是这样说的："易武为王，景迈为后；左相班章，右将勐库。南糯在前，布朗在后。"当然，有更多的版本流传在那些茶会和茶艺师之间。

在旧史中，易武不过是古六大茶山漫撒茶区下的一个地方而已，远远没有其他茶区那么大名气。进入清朝以后，易武茶区的地位忽然变得重要，即便是今天，在普洱茶界也依旧是头号品牌。

我们第一次自驾车去易武，先是到普洱换了一次车，到景洪又换了一次车。在距离易武 20 公里处，因为雨天路阻，被迫弃车步行。即便是现在修好了柏油路，去易武依然必须穿过那些密密匝匝的林子，盘旋于弯曲的羊肠小道，随时准备下车搬开阻挡于车前的石块及树桩——也许，还需要在大雾中停留一段时间，才能找到埋藏在深山老林中的易武古镇。

在当地人的指引下，我们来到学校，从那里开始寻找属于过去的一砖一瓦。顺着古道，在那些饱经风雨摧残的老房子中来回徘徊，呈现在我们眼前的是斑驳的石块，泥泞的古道，屋前簸箕中晾晒着的茶饼，穿透重重牛马粪味飘来的缕缕茶香……老乡已经开始了他们的收成报告。在转角处，牛棚下面停留的宝马 X5 提醒着我们：茶叶曾经改变了这里的一切，如今正在继续改变。

是呀，从 2004 年起，这里春茶的价格一直居高不下，一些农户一年的卖茶收入可达几十万。即便是经过 2007 年的价格动荡，这里还是普洱茶商收购原料的首选之地。一些非易武原产的茶，也从遥远的他乡被运送至此，以高于原价几十倍的价格卖出。

我记不清楚遇到多少所谓的朝圣者、访茶人、茶商，他们形貌各异，来此的目的也不尽相同，但常常说的同一句话是："做茶人，不来这里，能做出什么好茶？"好多见惯小叶种茶树的人说，不来云南茶区，无法想象茶树居然可以长得那么高大。看到采茶妇女利索的爬树动作，许多人也试图爬上那些大茶树；但很遗憾，即便是上去了，也不知道如何摘到枝间的茶叶。

要了解易武，就得找张毅

制作普洱茶的传统晒青工艺，因为易武的坚持，今天得以恢复并被广泛采用。这件事情，与一个已逝的老乡长张毅有很大关系。我们曾经拜访过他。

那是一个阳光炙热的下午，汗水贴背，知了声声凄切。一个小伙子把我们引到一栋别致的花园洋房前面，院子里栽着橘子树，花正开放，散发着清香的气息。

张毅正在家中作业，卷着裤腿，穿着拖鞋，手上沾满石灰，笑眯眯地打量着来访者。当我们报出某某介绍来的时候，他露出一副迷茫的表情。确实，认识他的人太多。但来到这里，根本不用人介绍，因为有许多人来他家里买茶。他也不是乡长了，卖茶现在是他的主业。

张毅用"易武春尖"来招待我们。期间他接了许多电话，有从广州打来的，有从台湾打来的，甚至还有从新加坡打来的。他问："现在普洱茶在外面很热，你们这些昆明人也喝普洱茶了?"

我们采用排除法，很快发现，去的 5 个人，只有两个在喝普洱茶。张毅笑呵呵地说："我就说昆明人不爱喝嘛。不过，你们以后会喝的，尤其是喝了我做的普洱茶后。"我们点头附和。

我们确实不是为了买普洱茶而来，只是想找个当地人来谈普洱茶。好几个朋友都推荐了张毅，说他最了解易武。一来是因为他当过乡长，二来他是当地的文化名人，编辑过易武的乡志，里面写到了普洱茶在易武的发展情况。

张毅拿着手中的七子饼告诉我们，易武已经有很多年都不生产七子饼了，主要是卖点茶料。大家也不指望靠茶能活得下来，平时主要忙着种家里口粮，一些茶园被砍，变成农田，许多远一点的老茶园都荒了。1980 年代中期，因为茶价稍微起来点，当地人才又种植了些台地茶。

这个细节勾起了我们的好奇心：放着现有的茶园不管，怎么去种新的了?

张毅说："老茶园的大茶树一是远，大家不愿意去；二是产量不高嘛，一天摘不了多少。你们去看过了? 好多茶树很高哦。价钱也卖不起来，还不如台地茶好卖。后来来了一些台湾人，说他们需要古树茶，不要台地茶，而且价格给得还可以，大家才又开始采摘古树茶。主要是销售问题，我们这个地方比较远，来的茶商少，有人愿意买，就卖咯。"

如今张毅已然离世，但他为普洱复兴所做的事情、所写的文字，依然惠泽后人。图为张毅之孙张建华，他背后的墙上挂的就是张毅生前的照片，照片里的张毅手中拿着他所做的"易武顺时兴"。栗强供图。

张毅还告诉我们，有一个叫吕礼臻的台湾人，在 1990 年代中期就来易武找过他，订购了一批古树茶。就是这批茶，让海外许多爱好普洱茶的人认识了他。我们希望尝尝这批茶，张毅却回答说："没有了没有了，有些年头了，做完就拉走了，没有想着留。"并指着我们正在喝的茶说，"这批也不错。你们可以买点，我可以签名，在家放几年，滋味和口感都会不一样。人家香港那边的人，都是喜欢喝陈茶，不像我们都喝新的。"

也许是怕我们误会，他接着说："不买也可以，但云南人还是要喝普洱茶，不喝，单靠台湾人、香港人，我们也发展不起来。"

我们当时对茶兴趣不大，一行人来此主要目的是为写旅游书采写素材，易武因为是茶马古道的重镇，必须来。我们的书为读者吃喝玩乐提供简单的行程介绍就行，所涉及的问题也点到即止。所以，我们对茶树林四处乱串的家猪和飞上树梢的鸡兴趣更浓，蒸着吃、煮着吃、烤着吃都满意，一听说这里可以吃熊掌，大家心都提到嗓子眼儿上。

但后来情况慢慢发生了改变。兰茶坊的杨泽军先是资助我们撰写《天下普洱》，接着又资助我们撰写《云南茶典》，再后来又参与了《普洱》杂志创刊，我已经感觉到，自己被席卷进入到普洱茶的大潮之中。在《普洱》杂志工作期间，我遇到了张毅口中的台湾人吕礼臻。

他说："小伙子，你认识的张毅是高人呐。可有为他写过点什么?"

"写过一点点。"

他叹息了下，告诉我张毅已经过世。他建议我去读读张毅写过的文章，"云南人要善待自己的人和资源"。

张毅的遗产：快要绝种的普洱知识

在朋友的帮助下，我先是找到了张毅发表在《西双版纳报》上的《传承传统普洱茶制作工艺旧事》[1]，谈到了吕礼臻一行人找他的情境。文章开篇从昆明展销会谈起：

> 1984年，笔者任易武区副区长，分管农业。有一天接到县上通知，云南省要召开科技产品交易会，要求我带着易武元宝茶（七子饼茶）、酱油、风吹豆豉去展销。
>
> 我急急忙忙做准备，请当时健在的高定光师傅教做了四十多片元宝茶，带了4筒（每筒7片）到昆明展销，结果，摆了3天无人问津。回来后我到勐海茶厂请教老厂长唐庆阳，他说慢慢来，普洱茶传统产品以后还是会有人要的。我回来后，从留作纪念出发，买了3个揉茶石、1个蒸筒，仿制了几只揉茶口袋。

这是昆明市场遇冷的情况。他笔锋一转，已经是10年之后，宝岛来客时的情景：

> 随着改革开放，边疆与外界的交流增多。1994年8月22日，台湾中华茶艺业联谊会第九届会长吕礼臻先生，带领副会长陈怀远及吴芳洲、曾至贤、汪荣修、白宜芳、林仲仪、刘基和、黄教添、陈炳叙、谢木池等20名对茶文化颇有研

---

〔1〕 载2007年1年18日《西双版纳报》。

究的专家学者，到易武考察古六大茶山。乡政府热情接待了来自宝岛的第一批客人，并安排我向他们作介绍。他们认真地听，细心地记，不时提出有关问题。

随后，我又带他们观看了一个世纪前就名扬中外的名茶庄的房屋、有关茶税及贡茶的断案碑、关帝庙、"瑞贡天朝"大匾、茶马古道、我收藏的传统制茶工具等。他们边看，边问，边记，边拍照，谢谢之声常不离口，连用餐前的几分钟时间他们都不放过，问这问那。吕礼臻、陈怀远、曾至贤都说我向他们介绍的内容太好了，他们到过许多地方，都没有听到过这样好的介绍。曾至贤和陈怀远还把我向他们作的介绍材料翻一页，拍照一页，4筒胶卷一下就拍完了。

1995年，吕礼臻带着何建及香港的叶荣枝来到易武，叫我为他们做元宝茶，他们要带到台湾搞展出宣传，并提出我写的《易武乡茶叶发展概况》很好，应当印成书籍，不要失传，如果这边（大陆）不能印，交给他们带到台湾印。我想我写这个材料的目的是记录易武辉煌的过去，宣传易武的自然优势，良好的传统产品，进一步发展正宗的易武产的"普洱茶"，满足人们的需求，繁荣茶山各族人民的经济。所以我同意了他们的要求，并告诉吕礼臻我不要稿酬，书印好了寄几本给我就行了。

吕礼臻在台湾印制宣传了这个材料，并举办了普洱茶实物展，影响很大。此书宣传、散发到日本、韩国、马来西亚及国内沿海一带。接着，日本名古屋大学老师加藤久美子女士只身前来考察；日本丰茗会会长松下智（著有《世界民族之茶志》）带人先后5次到易武考察；日本丸久小山园"和光会"北尾幸彦团长带领 13 人来考察；大韩民国全南顺天市松广面新平里 12 号松广寺印月庵园询法师一行 4 人，韩国茶人联合会常任理事郑仁梧教授一行 30 人，韩国茗禅茶会院长慧星一行 3 人，韩国留学生李连喜 2 人前来考察；马来西亚古意斋茶艺专门店伍先龙先生一行 3 人，马来西亚豪威企业有限公司经理李泉福一行 3 人；奥地利维也纳艺术家爱佛琳、夏云端；法国专家一行 4 人，美国专家一行 2 人前来考察。

　　台湾及国内的商人及专家学者来的就更多了，有的考察、有的买茶，六大茶山产的普洱茶越来越受到中外客商的好评和喜爱，茶价从 1993 年前的 1—2 元/公斤左右，上升到 35—36 元/公斤，还不容易买到，大大增加了易武的财政收入和群众的经济收入。

　　这是张毅的茶叶疆域，他所认知的普洱茶，从易武小镇出发，被传播到了我国台湾、香港地区，接着被日本、韩国、马来西亚、奥地利、美国、法国等多国的普洱茶爱好者认知。但他没有料到的是，自己为吕礼臻做的这批茶，二十多年后，一泡的价格都飚升到近万元。

　　吕礼臻为此也深感无奈："我自己都喝不起这款茶，很可笑啊。现在到一个地方，人还没有坐下来，就有人告诉你泡的茶值多少钱，泡茶的壶值多少钱，水是从什么地方运来的。喝茶的心情这么一弄，全然没有了。"他为了做茶，前后奔赴易武十几趟。

　　吕礼臻帮张毅出书的钱，都是自己掏腰包。一则是满足张毅的出书愿望；二则书确实不错，传播了一种很正的普洱茶知识。但这种知识都快要绝种了。

　　张毅写的书叫《易武乡茶叶发展情况》，回顾了易武种茶的历史。

内容分为九部分，分别为易武的地理环境，易武老茶树群，易武老式茶园的种植及采摘，易武在六大茶山中的重要位置，清光绪年间易武茶山概况，茶价及元宝茶制作，易武茶庄（商号）及茶叶贩运和发展茶叶生产的第三个高峰期。

8 条茶马古道线路：易武茶构筑的疆域

在张毅的书写成之前，有关易武茶区的资料非常有限，史籍中的只言片语无法满足求知者的渴求。我在茶庄常听到有人对张毅描述的易武饼做法的讨论；在云南大学茶马古道研究所做工作，也介入到对以易武为中心的茶马古道路线的研究——无论如何，张毅和他的书写都是回避不了的：

> 在揉制过程中还要能掌握，开始均匀地轻揉，慢慢地再重揉，揉制成形后冷却才能解袋包茶。每 1 片元宝茶内放 1 张小片（有关元宝茶的简介），外用规定的纸包好，7 片为 1 筒，用笋叶（处理过的）包扎好，就可以装入仓库待运。揉制好的元宝茶还要经过阳光晾干或无烟文火烤干，否则会发生霉变。

张毅书中所说的制茶时间，也与今天的流行版本不同：

> 制作元宝茶的时间多在年底和来年初，其主要原因一是春茶、二水茶、三水茶、四水茶（谷花茶）等经过收购堆放、发酵、散发出特殊香味，备受食者欢迎。二是全年茶收购结束，便于各季、各级茶并配加工。三是雨季结束，进入

旱季，制出的元宝茶容易晾干，不会发生霉变，也不必长期入库保管，可以揉制出一批驮运出去一批。

驮运出去的茶，分散在世界各地。张毅访问过老茶商后，总结了8条茶马古道线路：

1. 易武——老挝乌德——沙里——越南莫边府——海防（上船）——香港。

2. 易武——乌德——越南孟得——老街（上火车）——河内——海防（上船）——香港。

3. 易武——尚勇——老挝南塔——万象——越南勐菜。

4. 易武——勐辛——勐百察——泰国米赛。

5. 易武——江城——元江——石屏。

6. 易武——江城——阳武——昆明。

7. 易武——思茅——景谷——大理——中甸。

8. 易武——缅甸景栋（上火车）——仰光（上船）——印度加尔各答（上火车）——印度边界大吉岭——拉萨。

马泽如说："江城一带产茶，但以易武所产较好，这一带的茶制好后，存放几年味道更浓更香，甚至有存放到10年以上的，出口行销香港、越南的，大多是这种陈茶。……由于越陈的茶价值越卖得高些，我们一方面在江城收购陈茶，一方面增加揉制产量……"[1]

---

[1] 马泽如口述：《原信昌商号经营泰国、缅甸、老挝边境商业始末》，载云南文史资料选辑编委会编：《云南文史资料选辑》第42辑《云南进出口贸易》，1993年。

马桢祥在《泰缅经商回忆》中谈到："我们对茶叶出口一事，在抗战时期是很重视的，它给我们带来的利润不少。易武、江城所产七子饼茶，每筒制好后约重4斤半，这种茶较好的牌子有宋元、宋聘、乾利贞等，稍次的有同庆、同兴等。这些茶大多数行销（中国）香港、越南，有一部分由香港转运到新加坡、马来亚、菲律宾等地，主要供华侨食用。也有部分茶叶行销国内，主要是新春茶。而行销港、越的多是陈茶，就是制好后存放几年的茶，存放时间越长，味道也就越浓越香，有的茶甚至存放二三十年之久。陈茶最能解渴且能发散……包装材料为竹篮、笋叶、麻布。前两者就地取材，后者购自缅甸，在缅加包。"[1] 普洱茶越陈越香的观念，我们都是学舌者——今天的人不过是把那些古老的观念再次重述了一遍，迎合当下文化消费中好"古"的主题。

易武茶构筑的茶叶疆域，连接起来就是一个世界版图。

易武茶的"茶叶复兴"

在香港访茶期间，经常会听到港九商会的老茶人谈起茶商从易武到香港的事情。因为茶，我们彼此拉近了距离。在昆明举办的泰国物资展，许多人看到展品中有普洱茶，也忍不住好奇。人家很淡定地回答说，我们比你们喝普洱茶的时间还要久。易武茶，产量中十有八九都是在海外销售，其中也不乏海外华人主导的茶厂。越南新竹现在还在生产"同庆号"普洱茶，他们坚持认为这是延续了易武的做法。在今天的市面上，还寻找得到商标为"HANOI"（河内）的普洱圆茶。

---

〔1〕 马桢祥：《泰缅经商回忆》，载云南文史资料选辑编委会编：《云南文史资料选辑》第42辑《云南进出口贸易》，1993年。

2007 年，在珠海的一场易武茶专场品鉴会上，我与张毅所做的"易武顺时兴（春尖）"又一次相遇，参加评鉴的人有张兵、朱少海等业内知名人士，保留下来的品茶笔记如实记录了这一过程。

品茗茶品共有 7 款，盲评中用英文字母分别取代。

A. 易武正山（落水洞）

B. 易武早春饼

C. 07 斗记易武

D. 06 易武红印复制版（平板模）

E. 06 敬昌号易武老树春尖

F. 07 易武正山（丁家寨）

G. 易武顺时兴（春尖）

之所以茶样都选择易武出产的，是因为当时珠三角懂茶的人都认为，只要认识了易武茶，就可以认知大半普洱茶。张兵一直唠叨易武饼的阳光味，他告诉我，"只有易武才有晒饼的传统"。这是张毅传承下来的工艺。但这一次，夺魁的不是张毅的"顺时兴"，而是易武正山（落水洞），他的茶屈居榜眼。我对张毅茶评价是："涩味明显，回甘不错。"

易武至今还保留着约 6 000 亩的古茶园，树龄数百年的茶树随处可见。

倚邦的衰落给了易武机会

几百年来，易武因为茶而令人瞩目。

按照清乾隆进士檀萃所撰的《滇海虞衡志》云："普茶名重于天

下，出普洱所属六茶山，一曰攸乐，二曰革登，三曰倚邦，四曰莽枝，五曰蛮砖，六曰慢撒，周八百里，入山作茶者数十万人。茶客收买运于各处。普茶不知显于何时，宋自南渡后，于桂林之静江军以茶易西蕃之马，是谓滇南无茶也。"

六大茶山除了攸乐在今天的景洪外，其他五座都在今天勐腊县下辖的易武、象明两个乡镇。也有人认为，所谓的"慢撒"指的就是今天的易武。

檀萃所云的茶区其实只是一个粗略的估算，对于茶树无处不在的澜沧江流域来说，"周八百里"实在太小了，但当时的"数十万人"又显得过于拥挤，因为茶叶，易武、倚邦这样的乡旮旯（听起来会让人觉得是"香巴拉"）一度成为繁荣的集市。有很长一段历史里，易武是茶叶贸易的起点，也是茶马古道诸多起点中最重要的城镇。

翻阅史料与游记就会发现，繁荣与衰落是孪生姐妹，因小叶种贡茶而繁荣的倚邦，从乾隆到光绪，人口从 9 万人迅速锐减至 1 000 人以下。茶业的繁荣终究还是敌不过瘴气的横行，原始森林密布的滇南一带，有着太多令人揪心的话题。

倚邦的衰落让易武成为了新的茶区茶叶集散地，而一些外乡人的到来，则为这片土地带来了新的发展契机。清道光年间（1821—1850年），莽枝（勐芝）、架布、习崆等茶山逐渐衰落，易武茶山取而代之。张顺高等人编辑的《版纳文史资料》第 4 辑提供了一组数据：1912 年易武茶区产茶 5 000 担，比倚邦、曼洒、曼庄、革登 4 个茶区产茶之和还多；1957 年易武茶区产茶 1 250 担，也多于倚邦等 4 个茶区产茶之和。

易武是一个以汉人为主体的镇，在西双版纳这样一个少数民族为主的地区来说，显得很扎眼。在乾隆年间，就有一批从石屏来的商人，到易武经营茶叶。此后普洱茶的历史，却开始了围绕着石屏商人以及他们各自在易武开办的茶庄打转。2004 年以后，诸如来自易武的"宋聘号""同庆号"古董普洱茶，成为天价茶的代名词，许多人加入了关于这些商号的历史的改写以及大合唱之中。

道光十八年立于易武的"茶案碑"，至今保存完好。断案碑由茶税案主控人张应兆刻立，由一块长方形的巨石雕琢而成，碑文分为"断案碑小引"和"断案批文"两个部分，全碑共 1 147 字。

小引文字如下：

> 窃维已甚之行，圣人不为，凡事属已甚，未有不起争端也。如易武春茶之税，每担收壹两柒捌钱，已甚竭极。故道光四年，兆约同萧升堂、胡邦直等上控，求减至柒钱贰分，似于地方大有裨益。乃道光十七年，兆之二子张瑞、张煌幸同入库，兆到山浇，易官论茶民帮助此须，似合情理。奈王从五、陈继绍不惟怂恿易官不谕，且代禀思茅罗主，差提刑责掌，责收监伊等之伙党，暴虐、额外科派概置不论，兆又约同吕文彩等控经。

茶叶价格一直都有波动，而且税赋负担沉重，一而再地加重赋税，茶商毫无利益可言。这个茶碑除了有帮助了解当时茶税以及清代法律法规的文献价值外，也透露出石屏商人懂得利用合法手段去争取自身利益的一面。因为茶税事件，曾在普洱、版纳历史上爆发过数次民族起义。张应兆立碑时言"恐日久仍蹈前辙"，实在是高明之论。

汉文化随着茶叶倾入当地

倪蜕《滇云历年传》记载，雍正七年，时任云贵总督的鄂尔泰奏设总茶店于思茅，以通判司其事。六大茶山的茶，都是商民就地坐放收发，然后贩卖到思茅，逃了不少税。后来不允许私人买卖，实行统一到思茅交货。这可苦了百姓，六大茶山到思茅，路途遥远不说，茶有多有少，路上吃喝拉撒花费下来，怎么能够卖到高价足以负担生活支出？故倪蜕感慨说："小民生生之计，只有此茶，不以为资，又以为累。何况文官责之以贡茶，武官挟之以生息，则截其根、赭其山，是亦事之出于莫可如何者也。"不得人心的政策激发了连番的起义和反抗，乾隆元年（公元 1736 年），就连设在攸乐的同知（设于雍正七年）也被迫撤回思茅。

按照茶碑说，张应兆先人是乾隆五十四年（公元 1789 年）前就来到易武，栽培茶园，这大约也是清朝中期实行"改土归流"政策的结果。许多人把"易武石屏商人现象"归结到经济和文化上。从云南的版图上看，易武是最靠近云南石屏的区域。石屏一带，因为受自明代以来的大规模移民潮以及受个旧为中心的矿业经济的拉动，几百年间发展为滇南富庶之地。汉文化的深入又为这一区域带来了文化上的自觉，加上经济上的有效经营，云南的茶叶突破了茶区概念，进入到茶庄和茶号的品牌时代。

今天的易武街头，还悬挂着一块"瑞贡天朝"的牌匾，这块复制品诉说着道光皇帝与车顺来之间的一段往事。车顺来的后人讲述说，他们的祖先当年进京参加了科举考试，并考取了贡士。为了报答朝廷的知遇之恩，将车顺来"车顺号"手工制作生产的茶叶制品，通过进京城参加殿试时认识的监考官送到宫中。由于特殊醇香的口感，该茶

"瑞贡天朝"这块牌匾,曾经被取下、藏匿,而今又被悬挂起来,任人拍摄。这背后的故事和传说或许是杜撰的,但其中蕴含的朝贡、皇家等元素,却透露出易武人对于市场的精明考虑。

深得道光皇帝喜欢，后赐给易武"车顺号"一块"瑞贡天朝"的牌匾，允许车氏家族世世代代将牌匾悬挂在门楣之上，并赐封车顺来为"例贡进士"，赐官衣、官帽，命车顺来每年进贡其独家工艺精制的普洱茶。

在普洱茶的历史上，车顺号的经历被当做云南普洱茶的一种顶级荣誉。我第一次到易武的时候，为了找这块牌匾颇费了一些周折，它已经被取下藏好，无迹可寻。之后，我再次寻访，终于找到，花费20元拍了照片。而等我再次造访易武的时候，它的复制品又神奇地挂在了易武的古道边，任由你使劲拍摄，再无人关心、好奇，也不会有人询问。

而在普洱市博物馆，我们也见到这块牌匾，讲解员所说的却是另一桩故事。时至今日，这块牌匾的来历已经成为谜案。但一块匾背后，也许就浓缩了这里所有的故事。我们把视线更多放在"贡品""皇家"等关键词上的时候，也就发现了，在这里，"皇家"依旧有号召力，形形色色的说明书都指向了那些曾经显赫的家族，以及他们与大清朝廷之间诸多隐秘的关系。

把目光移向世界历史可以发现，在这一时期，从皇室开始流行的下午茶已经成为英国人生活最重要的组成部分。稍后，"植物猎人"从云南偷去茶树，在印度广泛种植，扭转了中国茶叶主导世界经济以及文化的格局。再过些年，我们就能忧伤地发现，中国一年全部茶叶加起来的销售额，还抵不过区区一个英国公司一年的收入。

"普洱"这一名称的由来

远在南诏（公元738年—公元902年）时期，易武就是南诏政权的"利润城"，在茶马互市以及与西藏政权的维系上，发挥了巨大的作用。同时，南诏政权还在六大茶山至大理的途中设置睑治，取名"步日睑"[1]，下辖澜沧江内大片地方，包括易武在内的六大茶山。当时的交通路线不得而知，因为确切记载的路线，要到清朝才可考。

从现有资料看来，茶马古道正是起于南诏时期。六大茶山产的茶特有的消食去腻功效，获得藏区民众的喜爱，自此，该茶在以肉类与乳制品为主食的民族中站住脚跟，之后被运送到青海、甘肃、蒙古一带。藏民们为了得到好的茶叶，翻越雪山，漂流金沙江，跋涉丛林，行程数千里，以他们的马匹、乳制品、藏药等前来换取普洱茶。贸易是双向的，道路也是一段一段走出来的，就这样，在贸易的推动下，茶马古道路线趋于相对固定。随着时代的发展，茶马贸易也变得越来越规范。

宋时，大理国将南诏时期所设的"步日睑"改为"步日部"，开设"茶马市场"。其时多种政权并立，在贸易中大家各取所需，茶换马，马换锦缎，各民族的交流通过茶而变得更加频繁。元代将"步日"为"普日"，当地产的茶已成为边疆各族民间交换的主要商品。而在蒙古一带，茶砖成为了商品流通中的法定货币，和其他茶类一道还经蒙古进入到俄罗斯。茶叶贸易让中间商契丹人的名字变成了俄罗斯人对中国的称呼，与瓷器、丝绸一样，茶叶改变着中国的面貌，并成为中国对外输出的三大贸易品之一。

明代"普日"改称为"普耳"和"普洱"，自此这一称谓固定下来。清代设置普洱府，在思茅城内设普洱茶局管理茶叶的种植、加工制作及销售。此后，有了"大清盛普洱"之说。乾隆年间，六大茶山

---

[1] "睑"为南诏政权的基层行政单位，"步日""普洱"均为哈尼语音译，原意为"水边的寨子"。

所产的普洱茶列为贡品，年解贡茶 660 担，贡后方允许民间私商进行交易。在清代，云南的铜矿、盐矿继茶后，再次变成暴利产业，许多外省人前来投资开矿。产业间的相互拉动是惊人的，铜、盐的急速发展催生了许多新的集市。一转眼，"蛮民杂居，以茶为市⋯⋯衣食仰给茶山⋯⋯夷汉杂居，男女交易，士农乐业，盐茶通商"，好一片繁荣的景象。

李拂一（公元 1901 年—公元 2010 年）所著《镇越县新志稿》载："清道光同治间，易武产茶额七万担，光绪三十年间，因战乱易武区茶产额减为二万担。"但这依旧掩盖不了易武的光芒，清代易武的同庆号、福元昌号、宋聘号、同昌号等品牌，现在已经成为普洱茶界最富传奇色彩的符号。

永安桥：一部历史

收录在《勐腊县志》里的《永安桥碑记》，描述的是道光年间磨者河的光景。此地是通往易武的必经之路，却因为河水泛滥，截断了象明、倚邦与易武的往来，"易武至倚邦实国家采办贡茶之道"，作为贡茶道必修无疑。碑文说："云南迤南之利首在茶，而茶之产易武较多。其间山径之蹊，向之崎岖险阻者，今成孔道。由倚邦至易武，中隔磨者河，峰旋谷应。当夏淫秋霖、波涛泛滥，飞流迅湍中，舟渡绳行均无所可。而又沿河上下，燥湿不和，商旅之出其途者，不再循而成殃。岁而成夏，思城贡士逍勉斋过其地，深悯历涉之艰，邀同人王贺，概出白金叁佰以为首倡。"碑文作者为思茅同知留任侯升长白成斌。

如果以易武作为起点，那么这座桥算得上茶马古道上的第一桥。桥由官民共同出资。"思茅抚夷府正堂成捐银肆拾两，世袭车里宣慰使刀捐银叁拾两……石屏王乃强捐银壹佰两，石屏贺策远捐银壹佰两，石屏何铺捐银陆拾两，石屏何超捐银拾伍两……"石屏商人是修桥最出力者，也是唯一的民间出资人，从这儿也可以看出石屏商人在易武茶业经营的独特地位。"茶担出山，日每担抽收银五分，以资工费，矣大功告竣，再行停免。"这点与今天缴纳过路费很相似。永安桥于道光十年开建，历经 6 年修成，结构为石拱桥，长 60 尺，宽 9 尺，高 18 尺。可惜修建成功后，并没有因为命名"永安"而真的一劳永逸，没过几年又被洪水冲走。

清雍正十三年（公元 1735 年），朝廷在思茅设驿丞，为采办贡茶，开辟了通达易武的茶马驿道。道光二十五年（公元 1845 年），清政府组织当地劳役将土路铺镶成石板路，宽 3 至 5 尺，经弄龙坝、黄草坝、勐旺、补远、倚邦、曼庄到易武，全程 211 公里，这条路一直用到 1954 年才被废弃。石板路从思茅修到易武后，当地石屏商人联合官员，又集资在磨者河上流修建圆功桥，道光三十年（公元 1850 年）修成。可惜，用了五十多年后，同样被洪水冲走。桥先后被毁，但生意要做人要走，于是只有新修。民国六年（公元 1917 年），还是石屏商人，易武同庆号茶庄掌门人刘葵光联络象明和倚邦的乡绅，在原永安桥下段再次集资造桥，历时两年而成，结构仍为石拱桥，长 66 尺，宽 9 尺，高 21 尺。云南省茶叶协会会长邹家驹找到刘家后人调查后，得知造桥花了一万九千多半开（半开银元是近代云南货币流通中的主币，流通时间在辛亥革命后至抗日战争前），筹款只有一万四千多，余额全由刘家承担。大桥完工后起名"承天桥"。

为彰其事，民国九年（公元 1920 年），普思沿边第六区行政分局特授刘葵光先生"见义勇为"匾，现在同庆号的后人名片上用的"见义勇为"字样，说的就是这段历史。很可惜的是，2002 年承天桥又被洪水冲走了。[1]

二、不去勐海，敢说自己是做茶人？

"到勐海去！"一家茶业公司在招商册子上开篇就这样写道。

这段文字用了四个"最"来描述勐海："人类最早饮茶之地""最高品质""最罕有""最天然"。商人最懂营销心理，"最赚钱"这话终究还是没有说出口。

但勐海，确实茶人扎堆。在昆明茶圈里，平日里高呼小叫、"茶"来"茶"去的一群人忽然消失，只有一个原因——去茶区了。微信、微博时代，那些发布出来的文字和照片，都在撒娇似地宣称："我在这里，你在哪？"

不去勐海，敢说自己是做茶人？

2012年4月，正是春茶上市和交易的月份，因为春天气候干旱，茶叶上市时间受到影响。但前来勐海收购茶叶的商人没有减少，一个小门面的店前，也摆满了各个山头运送来的茶叶，并标上了参考价。

小桌子上有小袋装的样茶，如果需要品尝，老板会热心为你提供开水。更专业点的店面，早把样茶一字排开，前面的玻璃杯里是各种泡好了的茶水，以供察"颜"观色。

茶样的分类没有标准：无量山是一个很大的区域，班章则是一个小村落，有些干脆写着"临沧茶"。不远处的公路上，停泊着来自各地的大卡车，装满茶叶的车辆等待买主，空车则等着货主。这是每年

---

〔1〕 参见邹家驹：《漫话普洱茶》，云南民族出版社2004年版。

春秋两季在勐海最常见的景观。

"为什么要到勐海来？"我们问那些从大理过来的茶商。

"来卖茶啊!"

"在大理不能卖么？"

"大理咋个卖？都没有人去大理收茶。"

细聊才知道，到勐海卖茶是近年的一个行规，不要说大理茶商了，就连临沧、普洱的茶商也都会把茶叶不惜成本运送到勐海。来的茶商中，也有保山、德宏的，他们告诉我，尽管云南好多地方产茶，但大家只认勐海的，"也只有来这里才卖得起价，卖得快"。

在店主李女士的描述里，在"普洱茶疯狂"的 2007 年，有许多外省茶被运送到这里，贵州的、福建的都有。

"难道买的人区别不出？"

"当时一料难求，只要有料就能卖。你们怕是不晓得，有许多人买了一堆包装纸，在等着往里面放东西。再说啦，那也是茶，不是别的什么植物啦。"不过，那毕竟只是疯狂时期的短暂现象，随后普洱茶迎来一次大崩盘，许多商家血本无归。店家弯着手指细数，那谁，还有那谁谁谁，本来多好的局面，现在一个两个都破产了。卖的卖、死的死，反正他们的身影也没有再出现在后来的普洱茶市场上。

虽然我们经历过这个时期，但经常会在不同场合听人复述这些故事，传奇性让故事得以更大范围地传播。

辐射整个茶区的"茶叶都市"

繁荣有代价，更有遗产。

勐海这座小城目前有近 200 家经过 QS 认证的茶厂，有上千家茶叶初制所，上万人在这里依靠茶生活。业内的人告诉我们，实际在这里做茶的人要比这个更多，他们说电力机构掌握着这些真实数据，而不是工商、税务部门。理由也很简单，许多小茶商根本不会去注册一个公司，他们直接上到茶山收购原料，自己做或请人代加工就可以。

2014月3月23日，勐海县副县长何青元在勐海举办的云南六大茶业股份公司招商大会上的讲话，提供了一组官方数据：

> 2013年，勐海县获国家质监总局批准筹建"全国普洱茶产业知名品牌创建示范区"，在中国茶叶流通协会"全国重点产茶县百强县"评选中，我县列全国第二。到2013年末，全县茶园面积45万亩，毛茶总产量2万吨，成品茶总产量2.3万吨，成品茶平均单价114元/公斤。工农业总产值34.7亿元，其中农业产值8.5亿元，工业产值26.25亿元，上缴茶叶税收2.1亿元。全县在工商注册的茶叶生产、销售企业有1460户，其中初制厂653家，精制厂229户，茶叶销售企业388户，茶叶专业合作社190家，获QS认证的精制茶企业156户；全县涉茶商标535件，有中国驰名商标、中华老字号、国家级产业化龙头企业1个，云南省著名商标8件，"云南省名牌产品"5件。

> 通过多年的努力，"勐海味"已名扬天下，香飘海内外，勐海普洱茶产业呈现出百家争"茗"，百花齐放、欣欣向荣的大好发展态势。我县成功打造出了大益、陈升号、六大茶山等普洱茶著名品牌，云南六大茶山公司已成为我县普洱茶企业中的优秀代表。贺开古茶山具有一千四百多年的历史，是世界上集中连片面积最大、平均树龄最大、株植密度最大和保护最完好的人工栽培型古茶园。据考证，面积达一万六

千二百多亩，数量达 230 万株，树龄以 300 年至 600 年为多。2011 年 4 月，时任云南省委副书记，现云南省省长李纪恒同志到贺开古茶山调研，要求"一年打基础、二年求发展、三年树品牌"，把贺开古茶山打造成为中国古茶第一庄园。2011 年 6 月，勐海县人民政府与云南六大茶山公司签订了投资 9 亿元的勐海县贺开古茶山资源开发框架协议，通过云南六大茶山公司近 3 年的努力，贺开茶农的毛茶已由 2011 年的 160 元/公斤增长到今年的 700 元/公斤以上，户均年收入由 2011 年的 3 万元增长到去年的 10 万元以上，全面带动了茶农的增收致富和贺开古茶山的品牌提升。"三年树品牌"成效明显，中国古茶第一庄园名副其实。

中国茶界大名鼎鼎的勐海茶厂就坐落在这里，该厂是勐海县的纳税大户[1]，也是普洱茶界最大的企业。

许多人也会说，要做茶生意，每年不到勐海走走，你还真不好意思说自己是卖茶的。从 2005 年开始，这里的茶叶市场成为当年全国茶价的风向标，云南各大茶区的茶在摘收完后，都会运输到这里，等待全国各地的茶商收购。勐海所辐射的是整个云南茶区，这种辐射力与它在历史上的地位有关，现在的勐海，又重新成为姚荷生所言的"茶的都市"。

傣族是最先喝茶的民族之一

怀着某种不可名状的情感，在近十年里，我们每年都会去勐海。

---

〔1〕2013 年，勐海茶业税收约两个亿，其中勐海茶厂约 1.5 亿，第二名的七彩云南约一千多万，总体看来，第一名与第二名差距很大。普洱茶产业发展依旧任重道远。

这里既见证了人类的饮茶史，又见证了茶叶从繁荣到衰落，从衰落再到繁荣的过程，时间法则赋予了勐海独特的意义以及价值。从佛海到勐海的称呼改变，就如从"县长李拂一"到"茶寿老人李拂一"的称呼改变一样，奇迹从来不是传说，而是活生生的现实。

勐海是茶马古道上的一座边境小城，与缅甸接壤，因茶而繁荣。尽管现在当地农民可以在橡胶、西瓜、甘蔗等其他农林业产品上获益，但茶叶依旧是他们商贸与生活的主要部分。

根据勐海当地官方的统计，茶业经济占到勐海县 GDP 比重的 10%，近几年还有所增加。2012 年勐海县统计局发布的数据显示，当地居民参与春茶收购以及拣茶工作，一天人均有 100 元收入，这使得他们人均收入涨幅高达 77%。而一些拥有自主产权的茶园，收益增加得更加惊人。茶叶从 2004 年每斤几元，到当下的每斤几千元，普洱茶价的增长率已经被视为一种现代农业的奇迹。2013 年公布的数据显示，勐海县下辖的一个村落老班章，全村依靠卖茶总收入过亿。以至于潮湿季节，农户不得不到屋顶晒钱，一家银行率先到这里设立支行，当天的流水账超过 300 万元。

在云南，但凡带"勐"字的名词，都与傣族有关。这个词语来自傣语，意思是"坝子"。"勐海"用傣族话解释，多了一层意思——"极为厉害之人居住并管辖的地方"，这多少也反映在勐海茶的味道上。很长时间里，这片土地的领导者是傣族，但还有哈尼族、布朗族、拉祜族等其他民族长期共存。

傣族被视为世界上最先学会饮茶的民族之一。作为一个崇拜水的民族，在茶与水进化到茶水的关键时刻，他们似乎洞悉了提高生活品质的秘诀——情要用水调。这个由澜沧江和其他河流冲刷而成的坝子，炎热、潮湿，加上多雨，住着并不舒服。加之瘴疠之气又严重，许多民族都跑到山上，只有爱水而乐观的傣族人留了下来，在瘴气的笼罩之下，延续她们的美好生活。

明景泰年间出版的《云南图经志书》说，澜沧江"多石，不可行舟，夏秋潦涨，饮者辄瘴疠，惟百夷男女，四时浴于其中"。而清人倪蜕所著的《滇云历年传》则说，橄榄坝虽然土地肥沃，但一年因为瘴气而死了上千官兵，是一个令外地人恐惧的地方。唯有傣族人对这里不离不弃，这种不怕死的态度，已经很好地说明傣族对水的热爱。茶水的饮用，让傣族对多热潮湿下的细菌免疫，也让炎热从内心消退。

我们每次去勐海，不是被水淋湿，就是被酒浇灌。当然，更多的时候，我们是泡在池子和河水里。

云南对普洱茶的记忆

茶叶是绿色黄金，从唐代开始，生活在这块土地上的先民，便依靠茶叶来谋取生计，摘山之利，延续至今。雍正年间在云南当过布政使的陈宏谋（公元 1696 年—公元 1771 年）在《种杂粮广树植状》[1]里说，"滇省地方，跬步皆山，沃壤原少"，这些都不利于搞农业。还有一个原因，这里的人不会使用粪土，栽植杂粮也成问题。云南许多地方，连耕地的牛都没有，畜力用不上，肥料自然也成问题。云南山区，本来草木繁茂，但因为矿业需要大量木材，过度砍伐后，四处已是举目童山了。

但有茶山的地方，情况会好些。陈宏谋《再禁办官茶弊檄》一文称："普思诸山，当兵燹之后，地方疲惫。苗猓得归业，惊鸿甫集，十室九空。深山穷谷，别无出息，所产茶树，实苗猓养命之源。身任地方，急宜视为一方生计所资，加以抚绥，设法保护。"

---

〔1〕 贺长龄、魏源编，《皇朝经世文编》卷37，扫叶山房石印本，1896 年。

傣族人被视为世界上最先学会茶饮的民族之一，茶叶被誉为"绿色黄金"，是他们赖以为生的重要资源。图为19世纪末法国人路易·德拉波特绘制的傣族人物群像。

普洱府是雍正七年（公元 1729 年）设立的，普洱茶这一名称就因为普洱府的设立而被确定。雍正十三年（公元 1735 年），时任云贵总督的尹继善率先颁布了云南地方茶法，允许茶商入山制茶购茶，以 7 斤为 1 筒，不论精细粗老，每担（100 老斤，120 市斤）为 1 引，当年颁发 3 000 茶引。按引征税，每引征银 3 钱 3 分。

今天，我们在勐海的许多乡村集市，都会遇到傣族妇女在卖东西。在这个少数民族聚集地生活，学会傣语是一件必需的事情，因为许多地方的生意都是傣族在主导。

从历史来看，傣族的积极参与，让傣语成为勐海区域不二的"官话"，傣语中"茶"的读音 la，也通过贸易与交往，被永久地留在了其他兄弟民族语言中。方国瑜说："彝语撒尼方言、武定方言也称茶为 la，纳西语称为 le，拉祜语称为 la，皆同傣语。"由此他认为，其他民族最早饮用的茶，是傣族供应的，西南各族人民仰赖西双版纳茶叶的历史已很久了。[1] 这些观点得到许多学者的认同，艾敏霞写《茶叶之路》的时候，也把傣族列为世界上最先饮用茶水的民族。

有关当地人"赖茶而活"的生存状况，雍正到光绪年间的文献里时有记载。到了民国年间，西南地区的茶叶也不能自外于西方的冲击，情况显得更让人揪心，民族问题变成了国际问题。茶确实有着凝聚民族认同的功能。"普洱茶的作用，已不仅是一种名茶和单纯的商品了。"方国瑜说。英国入侵西藏前后，都企图用印茶取代普洱茶在西藏的位置，但效果不佳，藏民拒绝饮用印度茶。林超民说他们"非佛（海）茶不饮"。

方国瑜写《普洱茶》的时间是 1930 年代，他从产地和命名，在

---

〔1〕 方国瑜：《普洱茶》，载《方国瑜文集》第 4 辑，云南教育出版社 2001 年版。

历史、语言和经济三个方面对普洱茶作了界定。他的弟子林超民说，这是第一篇系统论述普洱茶的文章。其后林超民在方国瑜研究的基础上，于1980年代发表了《普洱茶史话》，在许多细节上丰富了普洱茶的历史。普洱茶大热之后，林超民又写了《普洱茶散论》，把1980年代之后的普洱茶发展史作了梳理，澄清了许多关于茶的误会。

有趣的是，林超民在1970年代在勐海茶厂当过工人。他到勐海茶厂当工人的时候，饮茶的人并不多，1949年以后，茶被贴上"小资产阶级情调"的标签，大家对茶的认识，都限于生活里的接客之物。知识界对茶的关注也不是很多，云南史料中关于茶的记载更是寥寥数语。云南对普洱茶的记忆，要感谢方国瑜、林超民等人的努力。现在云南茶界的话语范畴，与这一系有着极深的渊源。

林超民以亲历者的身份回忆茶在云南境遇的变化：

从1950年代后，品茶成为"小资产阶级情调"受到批判，茶馆迅速减少，上茶馆品茶的人越来越少。1958年，全国上下大跃进、大炼钢铁，茶馆几乎都关门大吉。1959年以后连续三年天灾人祸，饥荒在各地蔓延，饭都吃不饱，饮茶就是一种难得的奢侈。接着茶叶成为国家定量供给的紧俏商品。1个人每个月发1张茶票，可买1两茶。当时我正在读大学，每个月发给的茶票，都送给有"茶瘾"的师友，自己以喝白开水为乐。直到1970年代我被分配到勐海茶厂当工人，才在品茶师的指导下逐渐培养起饮茶的嗜好。

1978年我重返云南大学读研究生。随着改革开放的进行，人民生活越来越好，云南大学周围，尤其是翠湖边上，茶馆如雨后春笋般冒出来，品茶的人也越来越多。茶馆的装潢日趋时尚豪华，茶叶的种类日趋复杂繁多，茶具的花色日趋考究高贵，宣传茶叶的书籍更是五彩缤纷，令人目不暇给。茶叶的价格则不断攀升，令人咋舌。[1]

饮茶人口基数下滑，导致的后果就是相关知识生产的"贫瘠"。在相当长的时间里，研究者和品饮爱好者都找不到一本有关普洱茶的专著。但从 2004 年起，随着普洱茶的大热，书写的驱动力便主要来自茶商和书商。云南科技出版社出版的邓时海所著《普洱茶》和周红杰所编《云南普洱茶》，以及云南大学出版社出版的《天下普洱》，都创下了图书销量的奇迹。即便路过不起眼的地摊书市，也会随眼看到这些书的盗版。在中国，任何热销的东西，都会出现在盗版市场上，这也许是衡量一本书畅销与否的硬性指标。

历史选择了普洱，普洱选择了勐海

顺着这样的思路翻阅旧文章，就会发现当时书写普洱茶的不同之处。比如方国瑜和林超民这样的史学大家为何重视起普洱茶来？19、20 世纪以来，西方列强一直通过他们的东方学家来创造学术话语，为其政治服务，我们熟知的伯希和、李希霍夫都是这样的学者。

中国边疆问题是西方学者长盛不衰的研究主题，不可避免地也掺入了政治因素。20 世纪初期，英法在侵占缅甸、印度支那越南、老挝、柬埔寨三国后，云南边疆已是危机重重。法国的东方学家甚至提出南诏国是傣族建立的国家。方国瑜于 1936 年在《益世报》发表

---

〔1〕 林超民：《盛世品茶》，载 blog. sina. com. cn/s/blog_ 4c4ebc300100cm55. html. 最后访问时间：2014 年 8 月 19 日。

《僰人与白子》一文，以缜密考究与历史事实有力地戳穿了西方汉学家们编造的谎言。当然，这只是他获得长久声誉的第一步，其后的《滇西边区考察记》和《中国西南历史地理考释》更奠定了其史学大家的地位。

家国成为那代人关注的核心问题。中国边疆因为英法等国的渗透，早已变得支离破碎；而其后日本人大举侵入中华，锦绣江山尽丧他人之手，让在晚清成长起来的那一批知识分子更加寝食难安。救国之梦与随时面临亡国的现实，就在那些焦灼的文字之中反复交织出现。这个时候，云南边疆已经不再只是一个中国版图上的边疆之地，而是肩负着复兴中华之责的重要区域。

历史选择了普洱茶，普洱茶选择了勐海。20 世纪初期，勐海取代了传统的普洱茶交易地普洱（今作宁洱），成为普洱茶新的交易中心。来自江西、四川、西藏、缅甸乃至印度的各路商人，纷纷在这里上岸，他们把普洱茶卖到更为遥远的区域。

1938 年，得益于李拂一先生的倡导，中茶公司委派从法国留学归来的范和均等人到勐海创建了佛海茶厂。在李拂一 1939 年发表的《佛海茶业概况》中，我们可以看到在抗日的硝烟中，边地人民是如何努力为这个国家分忧。当时中国产茶之地纷纷沦陷，茶马古道与驼峰航线成为民族存亡之际最后的一道屏障。在另一个层面上，毗邻云南的印度茶大有返销中国内陆之势，西藏、丽江、香格里拉区域都有不少印茶的品饮者。

1930 年代，在这块广袤的土地上，每平方公里只有一个人。如何能够通过茶叶招徕人口、开拓边疆、发展经济，是思普地区执政者要解决的问题。勐海从 1925 年到 1934 年，年产茶都在 12 000 担左右，更多的古茶园因为无人采摘而逐年荒废，这令许多有识之士忧心忡忡。进入到 20 世纪后，这里的生态也有了很大改变，瘴疠之气消散了，医疗条件的进步，也让勐海成为许多人的休养之地，有"小昆明"之称，姚荷生更是把这里称为夷人的"上海"。[1]

1938 年冬，在华侨大商人胡文虎提供的资金帮助下，云南省建设厅组织了一个边疆实业考察组，到西双版纳车里（今景洪）、佛海（今勐海）、南峤三县进行经济调查，以便为开放边疆提供参考。当时代表西南联大清华大学农研所的姚荷生身在其中。他在《水摆夷风土记》一书中把勐海称为"茶叶都市"。

姚荷生说："佛海是一个素不知名的新兴都市，像一股泉水突然从地下冒了出来。它的出生虽不久，但是发育得很快。现在每年的出口货物约值现金百余万元，在这一点上够算得上是云南一二流大商埠了。"他把景洪比作南京，把勐海比作上海。"佛海城里只有一条短短的街道，不到半里长的光景。店铺比车里稍多，货物也比较齐全，可是不及车里的街道整洁。街中有不少的茅棚，平时不见一个人，冷清清的像六月的乡村。街头街尾散布着几所高大坚实的房屋，里面的主人掌握着佛海的命运，这些便是佛海繁荣的基础——茶庄。"

茶叶之于勐海，好比石油之于今天的中东。

随着国家的边疆开发策略以及佛海茶厂的建立，这里短短一年中，先后成立了二十多家茶庄，最大的洪盛祥茶庄还在印度和西藏都设有分号，把茶叶直接运到西藏销售。另一些中小茶商则通过联合经营的方式，把茶叶运到缅甸的景栋，再经仰光到印度，卖给印度商人。因为茶叶，勐海从一个边地小城，变成了一座可以改变消费地饮茶习惯的重镇。茶业拉动了城市建设，柏油路、医院、学校、图书馆

---

[1] 参见姚荷生：《水摆夷风土记》，云南人民出版社 2003 年版。

纷纷出现；也带来了新风潮——姚荷生看到土司穿上了西装，喝咖啡吃牛奶，还把子女送到学校去上学。

姚荷生在勐海看到的是一个因茶而诞生的"都市"，这个中国茶种植历史最悠久的区域，在任何一个时代都能发光发亮。唐代的"利润城"、宋代的民族和谐因素，明清之际的国之根本，晚清、民国时期则保留了这个多灾多难民族的体面尊严——法属越南、英属缅甸……如果检阅民国的地图，就会像我们这般发出感慨。更不要说日本铁骑践踏中国之际，以李拂一、范和均为首一些人，依旧在这里向世界输送着最能代表中国的物资以及精神，华夏贸易从华中、沿海一带转移到边陲。从古到今，这里见证了茶以及人的命运。

三、从宁洱开始，追寻普洱的传统

2006 年，《普洱》杂志出街没有几天，接到老普洱县文联打来的一个电话，一个中年男音很愤怒地向我们吼道："你们这些人到底是不是记者？宁洱怎么会不产茶？你们到底有什么根据？"

要发展普洱，只能从文化下手

我们几个年轻编辑被教育一番后，赶紧去逐字逐句找文章核实，却发现原来不是我们写的稿件惹的祸，问题出在姚荷生的一篇重刊旧文上。这一期我们的经典阅读，选了他《水摆夷风土记》中的《宁洱——没落的重镇》。

文章对宁洱失去普洱茶重镇的位置颇为惋惜，特别说到宁洱不产茶。可那毕竟说的是 1930 年代的事情，用不着那么大火气呀。

年长的老编辑却不这么看，他说：你们难道不知道，现在的"普洱县"明年就又要改回"宁洱县"的称谓了吗？在这个节骨眼上，我们刊发这样的文章确实有不妥之处。

宁洱是大清普洱府的所在地，当地的招商手册上有一段简要介绍：

> "普洱"为哈尼语，意为水湾寨，系由"步日"演变而来。唐南诏时设"步日睒"，宋大理时为"步日部"，元初改设"普日思么甸长官司"，明洪武年间改作"普耳"，明万历年间始作"普洱"。清雍正七年（1729）设置"普洱府"。
>
> 1913 年撤普洱府，设"滇南道"，1914 年更名"普洱道"，道署由宁洱迁驻思茅。1926 年道署迁回宁洱县。1929 年撤普洱道，改设"普洱殖边督办区"。1940 年改设行政督察区。1950 年改设"宁洱专区"，1951 年更名"普洱专区"。1955 年专员公署迁驻思茅，更名"思茅专区"，宁洱县更名为"普洱县"。1985 年改普洱县为"普洱哈尼族彝族自治县"。2007 年改名置"宁洱哈尼族彝族自治县"。

从普洱到宁洱，再从宁洱到普洱，现在又改回去。在历史上，促使宁洱改名的动力与动因尚不清楚，但 2007 年这次更名，却被普遍认为与普洱茶的发展有着直接的联系——"普洱"这个地名被宁洱的上级主管单位思茅市征用了。

宁洱县现在人口不超过 20 万，却民族众多，汉、哈尼、彝、傣、回、拉祜、白等民族杂居，少数民族人口超过 51%。最让都市人羡慕的是，这里的人口密度，每平方公里只有 50 人。另一个让人羡慕的指标是，宁洱的森林覆盖率达 74.04%。

我们在宁洱接触的人，大都与普洱茶生意有关。

赵华琼是当地一家老字号企业云南普洱茶厂的总经理，她说，宁洱改名，是为了给思茅市让路。"以前的普洱府管着十二版纳，思茅与版纳是一个区域共同发展，但现在的行政规划十二版纳变小了，普洱更是一个小地方。要发展普洱茶，在资源上怎么会竞争得过版纳与临沧呢？要发展普洱茶，只有从文化处入手。"

认识普洱茶的历史话语

1930 年代的那场边疆大开发，勐海取代了宁洱的地位。普洱茶长期低迷，宁洱要打一场翻身仗，需要长远的规划。但这里毕竟是普洱茶的历史发生之地，在来势汹汹的普洱茶热潮中，云南省普洱茶协会在这里成立，茶马古道零公里界碑在这里树起，首届茶马古道文化节也由宁洱率先发起。

在资源相对落后的情况下，文化发力是不错的路径。在当代普洱茶发展中，普洱茶三大茶区各有优势。但论名气，普洱赶不上版纳；论资源，临沧又稳占上风；普洱市走文化普洱的路线，得到许多人的认可。

然而在中国，没有哪一类茶会像普洱茶这样缺乏完整的表达。主要原因在于，普洱茶的话语被历史、地域、人群以及商业的各种叙述稀释，显得零散而混乱。具体而言，典籍与历史中的普洱茶与当下所言的普洱茶，并非一脉相承；普洱茶的原产地以及其主要消费地的人群长期以来各自表述，难以取得共识；而商业力量的崛起，则在很大程度上改变了普洱茶的面貌、工艺乃至存在形式，这些都增加了对普洱茶的认知成本。也因为如此，普洱茶反而显得魅力四射，让人横生重构其话语的欲望。余秋雨和他的《品鉴普洱茶》，可视为这方面的典范之作[1]。

认识普洱茶的常规路径，往往与历史研究有关，这也是早期和当下研究者角逐最多的领域。他们手胼足胝、筚路蓝缕，开创了一个连他们自己都意想不到的普洱茶时代。在遥远的云南边陲，能够调动的典籍（汉文以及其他少数民族语言）可谓凤毛麟角，有限的云南茶信息只有借助历史语言学的放大镜，才能一步步被挑选并还原。

让我们放弃追溯汉唐的努力，直接切入到普洱茶成名天下的清代。关于普洱茶名字的起源，被采纳最多的说法是得名于普洱府的建立。雍正七年（公元1729年），清政府在今天的宁洱县设置了普洱府，普洱茶因为在此交易、流通因而被人所熟知。关于普洱茶的记载，正史里只有寥寥几笔，这无法令人满意，解释起来往往也令人困惑。就这一点，早在道光年间，阮福（公元1801年—公元1875年）就抱过不平。

阮福乃经学大师阮元之子，金石学家。他在《普洱茶记》开篇便说："普洱茶名遍天下，味最酽，京师尤重之。"然而待他到了云南才发现，这种大名鼎鼎的茶叶，在历史典籍中的记录可谓少之又少。万历年间编纂的《云南通志》，只记载了茶与地理的对应关系。乾隆年间的进士檀萃，同样只是在地理上作了六大茶山的分类（《滇海虞衡志》："普茶名重于天下，出普洱所属六茶山，一曰攸乐，二曰革登，三曰倚邦，四曰莽枝，五曰蛮砖，六曰慢撒，周八百里。"）鉴于此，阮福进一步记录普洱茶的成型路线图。

如果没有朝贡贸易，普洱茶即便是在清代享有如此盛名，也不会

---

〔1〕 余秋雨的《品鉴普洱茶》，最先由《普洱》杂志以增刊的形式单独出版，发行量高达六十多万册；后收录在余秋雨文集《极端之美》中，文集同时收集了余秋雨写书法和昆曲的两篇文章。参见余秋雨：《极端之美》，长江文艺出版社2013年版。

被详细记录在案。这些早期书写者，没有一个人抵达茶山深处，我们也就无法获得茶山现场传达出的任何细节。尽管如此，专办贡品的阮福还是从贡茶案册与《思茅志稿》里引述了一些他比较关注的细节：（1）茶山上有茶树王，土人采摘前会祭祀；（2）每个山头的茶味不一，有等级之分；（3）茶叶采摘的时令、鲜叶（芽）称谓以及制作后的形态、重量和他们对应的称谓，等等。

因为多了一点料，《普洱茶记》便成为普洱茶乃至中国茶史上著名的经典文献。从 1930 年代开始，因为要论证云南是世界茶的原产地，阮福有关茶树王细节的记载一再被阐释。事到如今，已经形成了每有茶山，必有茶树王的传说与存在。而祭祀茶树王的民俗则被民俗/民族学家、人类学家在更大范围内作精细研究，甚至被自然科学界引为证明茶树年龄的有力证据。在普洱茶大热后，《普洱茶记》被多次引用和阐释，同名书更出了十几本，其核心也不外乎阮福所谈 3 点细节，将其作最大化的夸张。

号记茶：追寻普洱的历史

普洱茶讲究一山一味，因此出现了两种截然不同的制茶思路。一是用正山纯料制作普洱茶，二是把各山茶原料打散、拼配，再做成普洱茶。就普洱茶历史传统来说，前者一直占据了很大的市场份额，也诞生了许多著名的老字号，比如"同庆号""宋聘号"。这些老字号虽在云南境内消失了很多年，但他们的后人（难以考证其身份的真实性）在近 10 年的时间里，又借助商业的力量把它们复活了。令人惊叹的是，经销这些老字号的外地茶庄还健在，香港的陈春兰茶庄（1855 年创建，是中国目前最老的茶庄）以及陈春兰后人吴树荣还在做着普洱茶营生，市场上的正宗百年"号记茶"几乎都出自"陈春兰"。

这些号记茶为我们追寻普洱茶的历史，提供了丰富的资料，也是普洱茶能够大热天下的第一驱动力。2007年，首届百年普洱茶品鉴会在普洱茶滥觞地宁洱的普洱茶厂内举行，吸引来自海内外数百人参与、观摩。有幸参与品鉴百年普洱茶的不过十数人，但围观人群多达上千人。我们躬逢其盛，品鉴并记录了当时参与者所有的感官评价。在赞誉与惊叹中，也存在一些疑惑之处。

百年"同庆号"茶饼内飞云："本庄向在云南，久历百年，字号所制普洱，督办易武正山阳春，细嫩白尖，叶色金黄而厚水，味红浓而芬香，出自天然。今加内票以明真伪。同庆老字号启。"我们在此分拆信息：（1）普洱茶在百年前就有百年老店；（2）普洱茶讲究出生地，也即"正山"；（3）普洱茶有采摘时间——阳春；（4）以"细嫩白尖"为上；（5）色金黄；（6）汤红且芬芳；（7）当时就有假的同庆号。

然今日看到的"同庆号"茶，并非细嫩白尖芽茶，而是粗枝大叶居多，与内飞严重矛盾。内飞文字自然是真，茶就不好说，到底是当年的假货，还是当下仿制，不得而知。昔日作为真假判断的内飞，多年后依旧是有利的证据，茶饼逃不过历史的逻辑。

所幸的是，市场并非唯一的判官。北京故宫里层层把关的普洱"人头贡茶"还完好无损地保存着。2007年，普洱市政府操办了一场盛大的迎接贡茶回归故里的活动，一个投保值高达千万的"人头贡茶"巡展，让上百万爱茶人顶礼膜拜。有人在普洱茶中看到了时间的法则，也有人看到金山银山。不到十年时间，普洱茶界就诞生了中国茶界的第一品牌，普洱茶产值从数百万升级到数百亿，缔造了农产品界不可思议的神话。

百年的"同庆号"茶饼极为罕见，全世界总量可能不到百片。图为1920年以前同庆号所使用的内票：本庄向在云南，久历百年。字号所制普洱，督办易武正山阳春、细嫩白尖、叶色金黄，而厚水味红、浓而芬香，出自天然。今加内票以明真伪。同庆老号启。

陈年普洱的力量

然而，许多人没有耐心，不是么？所以，2007 年，普洱茶市场崩盘了。那一年，我写下了一篇流传甚广的文章——《时间：普洱茶的精神内核》，无非是说：普洱茶必须经历足够的时间，才能成为艺术，才能形成自身独到的美学体系。我的写作其实受到了作家阮殿蓉经典大作《陈年普洱茶：时间的重量》启发，这篇佳作还入选了当年云南省高考语文的"阅读理解"单元：

对于倾情于普洱茶的茶人和茶迷，陈年普洱茶是一种有着记忆的茶品。作为一种向后看的茶，陈年普洱浸润着岁月的秘香。在它的浓酽和淳厚中，贮藏了时间的重量。那些号级、印级茶，在经历了岁月的尘埃和命运的沧桑后，变得老成持重，品饮它们，就像是在品读历史和尘封与遗失的往事。

我每每面对那些数十年的陈年普洱茶饼，总是热泪盈眶。我总是想，那个为我在几十年前准备茶的人，我跟他是否有着一种命定的机缘？

陈年普洱茶，这"能喝的古董"，时间犹如那些沉默的普通而平凡的制茶人，默默地参与了创造。在光阴的手掌里，一切都显得自然而平实。那作为普洱茶灵魂的后发酵过程，就在茶的内部，静悄悄地实施着革命和创造。这一切，没有刻意，一切都循着时间的过程。一饼茶的内质，只属于时间和时间赐予的机缘。这，就像一次路途上的相遇，一次宿命的恋爱。

是的，一切都只能靠缘分。一饼陈年普洱，藏在不同的地域，不一样的空间，会有不一样的品性。古人云："茶性淫，易于染着，无论腥秽及有气之物，不得与之近，即名香亦不宜相襟。"几十年的光阴里，始终保持着洁净，始终偏处一隅阴凉，始终能自由自在地呼吸，这样的陈年普洱，才是至爱之物。世间造化，莫过于此。

谁静悄悄地守着一砖一饼，从少年到白头？谁在风烛残年，只与它默默对视，像无语的交谈？一个在青年时期，会为自己的晚年准备茶品的人，他定是热爱着他的生活，定是热爱着他的人生，也一定对未来充满了希望。这样的人，他一定不会虚度了光阴，不会透支自己的年华。他也一定不会因了劳碌，因了奔波，就丢失了风雅。他会留下一份斯文，寻一杯他珍藏的陈年普洱茶。

一个在年少时就品尝了陈年普洱茶的人，他会是怎样的一个人？是悲观主义者，还是乐天派？我总认为，最好的陈年普洱茶，最好不要在年少时就品到，否则，他会承受不住那份时间的重量。

今天的陈年普洱，得益于昨天的收藏者，而明天的陈年普洱，要寄希望于今天的收藏者。作为一个爱茶之人，平日里收藏些"青沱""青饼"和"青砖"，体验一下历史对茶的雕塑过程，时间对茶的风格的积累过程，是一件既有意义又有趣味的事。在这个过程里，你不能急躁，只能等待和守候。一个真正懂得品饮普洱茶的人，他总是能够多买新茶，藏少量的旧茶，在交替品饮的过程中，延续着自己对普洱茶的喜好和追求。

陈年普洱是时间的醍醐，是光阴对细节的耐心雕琢，陈年普洱，更是一种在时光流逝中的静默，在这种静默中，生活上升为艺术。陈年普洱还是一种顿悟，是一种用时间去完成的修行，是禅茶一味最好的注释。

　　品茗陈年普洱，就是品味漫漫人生。来来往往的功名利禄，沉沉浮浮的荣辱炎凉，原本都轻于鸿毛与浮云。只有时间，才是真正的智者，它让心静了，让志清了，让理明了。在淡泊与宁静中，时间积淀下了黄金和珍贵。

　　越陈越香，是普洱茶最为独特的风味与特色。这"陈"，不是老；这"香"，也不是一般意义上的香，它不仅仅属于嗅觉，更多地属于心灵；这样的"香"，是高香，是有了境界的香，它是茶香、茶韵、茶气的结合体。不同的品质，不同的环境，不一样的时间，造就的是独特的滋味与韵味，这世界上，找不到两片弥漫同一种陈香的普洱茶，就像树上长不出同样的两片树叶一样。即使是同一片陈年普洱，将其泡饮，前后变化的万千水性，品茗者品到的也是不同的滋味。

　　越陈越香，还启迪了人生。一个人，一个在人生里不虚度光阴的人，同样是会越上年纪越有魅力的。我们的眼前，不乏仪态万千，风情万种，美妙无比的青春女孩，但我们的周遭，却少了那些芳华过后，依然风韵十足的女人。一个老太太的美，胜过千百个妙龄女郎。这，恐怕就是为何陈年普洱名重天下的原因了。

　　子在川上曰：逝者如斯夫！古人吟唱，惜时如金。时间，摧毁了多少美人，打败了多少英雄，却独独成就了一片茶饼。这其中的意味，深长得让人喟叹。作为普洱茶界的业内人士，面对时间，该多一分欣喜，还是添一分忧愁？抑或就静静地坐下来，将所有的心得，都投到那茶壶里去。此时，品茶的过程，便成了人生的过程。时间，那逝去的时间，从茶水中泛起来，丝丝缕缕，缠缠绵绵。时间，原本也是芬香的呵！

在浩瀚的宇宙里，地球与月球相互打量了45亿年。没有人得知，在漫长的时间里，他们是怎么样的一种关系。就像我们不得知，那些有着上千年历史的云南大叶种茶树，它们是如何伴随着人类，躲过自然与人为的重重劫难，顽强地生存下来。人类自诞生起，从未放弃过寻找自身在宇宙中的位置，寻找时间的奥秘。

林语堂小说《京华烟云》里那个有道家气质的姚思安如此教育女儿姚木兰："物各有主。在过去三千年里，那些周朝的铜器有过几百个主人呢。在这个世界上，没有人能永远占有一件物品。"大凡古董、神品，在特定的时间段里，你占有，别人便不可得。而时间久远的普洱茶，却是可以用来分享的，时间在烫水中被唤醒，情感在肌理中弥漫。

老子说："甚爱必大费，多藏必厚亡。"话好理解，但少有人得其真意。云南农业大学的教授邵宛芳有机会品饮藏于故宫的百年金瓜贡茶，事后她感叹，这是天时、地利、人和造就出的机缘。下次？也许要等待10年甚至20年。按照马斯洛的理论，他们已经是拥有高峰体验的品饮者。

有史以来，茶叶始终是地球上最大多数人的需求。这样的需求，甚至超越了马斯洛定义下的需求层次。它来自宇宙、天地万物，它来自情感，来自一种深深的渴望与缅怀。这个意义上，普洱茶更像是人的镜像，通过茶，我们发现了存在与时间、创造与追求、分享与喜悦的价值。

在茶的消费史上，陈茶占据了大部分的时间和区域。在茶从东南往西北运输的途中，路上就要耗费数月。从唐代到宋代，新茶活跃在诗人的文字中。饮茶比新只是一种炫耀，比谁更早拥有喝到新茶，比的是权力。而在民间，主要的消费者需要等待更多的时间才能喝到。明清江南士大夫重塑茶贵新的论调，但与此对应的是，许多茶消费者必须喝掉那些被存放了五六年的陈茶。查阅《明实录》《清实录》，茶马司开仓处理陈茶的时间表都会上报到皇帝那里。这个漫长的传统不够阳春白雪，无法进入到诗人的唱和之作中。

自2004年以来的普洱茶书写，把"越陈越香"从平凡的常态中解放出来，仿佛普罗米修斯昔日拿到的火种，烧开了一片新的茶叶江山。标志性事件便是2004年邓时海的《普洱茶》在云南出版，一个老茶博物馆在昆明开业。古董茶、印级茶全面开花，港台商人蜂拥而至，不明真相的茶客围绕那些谁也说不清的茶品交口称赞，等到花了大价钱买回家，才发现自己为信息不对称所付出的巨大代价。

山头古树茶：新时代的宠儿

正如我们所了解的那样，陈年的普洱茶总是有限的，且价格离谱，还无从辨别真假。在市场的语境中，"古老"的指代也悄悄从茶品置换到了茶树本身。从大树到古树、古茶园的称谓转变，我们看到了市场发生的根本性转变。

一夜之间，古老的六大茶山被新的山头所取代，老班章、冰岛、昔归、曼松等等小村寨成为炙手可热之地。许多人会讲述拼了老命才购得三五斤的经历。大数据时代，我们所作的统计显示，毫无疑问，在 2013 到 2014 年，普洱山头古树茶成为茶界最核心的词汇。

记者詹英佩讲述山头茶的系列著作受到热烈追捧，她当年自费调查和出版的辛苦经历则少有人提及。她已经成为商业的宠儿，旧书新版，多了许多的企业广告。2014 年 3 月，另一位记者林世兴主编的图书直接命名为《云南山头茶》——创作者宣传普洱茶已经进入到了"山头茶"时代，书里同样弥漫着强烈的商业气息。

如果加上稍早体现地方政府意志的《走进茶树王国》，云南花了差不多两三年时间，就从港台主导十年左右的"陈香文化"和"陈年产品"中夺取了话语权。此时新鲜出炉的一片普洱茶，价格远远超过在港仓存放几十年的产品。这大概是云南另一位茶叶书写者杨凯所未曾预料到的，他在台湾出版的《号级古董茶事典——普洱茶溯源与流变》，与时下发生的普洱茶故事有些格格不入。而这一领域更早的一位开拓者邓时海，真的成为了茶界的"古董"，鲜有人提及。

陈与新，纯与真，因为有认知观念的介入，而显得隐秘而复杂。不过我们可以继续讨论传统茶业的主要遗产。

拼配：茶叶的秘密

拼配是普洱茶另一个传统，也可以说，是茶叶能够市场化最大的传统。许多人并没有意识到，拼配其实是一个科学概念，它来源于英国人掌控下的印度，而非中国。我们的传统虽然讲究味道，但只是个人经验和口感判断，而非建立在对其香味、有益成分的生化研究上。简而言之，我们只有茶杯，而人家有实验室。

印度茶能够异军突起，就在于英国人将不同原料拼配混搭，把茶叶香气、滋味、耐泡度都提升到了新的层次。拼配技术催生了像立顿这样的大公司。1900 年后，华茶处于全面学习印度茶的阶段，为了在国际市场上站住脚，拼配茶是他们学习的主要技术。

1930 年代，李拂一创建的佛海茶厂（即勐海茶厂）、冯绍裘创建的凤庆茶厂（后来演化成滇红集团和云南白药"红瑞徕"品牌红茶的制造商）走的都是这一理念，更不要说当代改制后的老国营茶厂以及他们培养的技术人员，以及他们之后创办的那些形形色色的茶业公司。

纯料与拼配之争可以说是一个伪命题，我们不想介入，只想结束。在品牌力量没有形成时，追求某地与某茶的对应关系很容易造成严重的后果。比如普洱茶与老普洱县（今宁洱县），宁洱成为普洱茶集散地后，当地茶并没有享受到普洱茶产业带来的太大好处。一个主要原因是，许多人不认可此地的普洱茶。究其原因，罪魁祸首居然就是阮福的《普洱茶记》。阮福说，宁洱并不产茶。其实这个地方在道光年间绝对产茶，这一说法只是阮福没有到过茶山所造成的误解。但他的记载影响了许多人，茶学大家李拂一在 1940 年代，庄晚芳（公元 1908 年—公元 1996 年）在 1980 年代都延续这个说法；哪怕是近 10 年出版的著作，也还有人继续说这里不产茶。

宁洱：淹没在历史话语之下的茶区

1942 年出版的《云南经济》中，张肖梅详细地记载了云南各地所产茶及其销路关系。书中写到了宁洱东山在民国年间的产茶量，也再次强调了普洱茶集散地的转移，昆明、勐海、思茅的崛起，宁洱确实风光不再：

> 云南所产之茶，以产地别：顺宁县所产者名"凤山茶"，

双江、缅宁所产者名"猛库茶"，景东、景谷县所产者名"景谷茶"，车里县所产者名"三宋茶"，镇越、江城所产者名"大山茶"，佛海、南峤等县所产者名"坝子茶"。

昆明县所产属十里铺所产者名"十里茶"，大理县所产者名"感通茶"。保山县所产者名"太和茶"，宜良、路南等县所产者名"宁洪茶"。

以销路别：有销四川之沱茶，而沱茶中又因原料、产地与成本配合关系，复有顺宁、双江、缅宁所产为原料之"关茶"，与以顺宁、景东、景谷所产为原料之"景关茶"；销西藏之"砖茶""紧茶"（心脏形状）；销暹罗、南洋、香港之"圆茶"（饼形约七八寸，每筒七饼，亦称"七弓圆"），销夷人之"蛮庄茶"；销本省之"散茶"。唯外省人士则概名之曰"普洱茶"，然就现下之行政区域论，普洱即今之宁洱县，并不产茶（宁洱东山，年产不过数十斤，历史甚浅）。

普洱茶得名之由，当由于往昔著名产茶之六大茶山（所谓六大茶山者或谓攸乐、革登、蛮砖、倚邦、莽枝、漫撒；或谓架易武、革登、架布、倚邦、崆、蛮砖；或谓倚邦，曰架布，曰莽枝，曰蛮砖，曰革登，曰易武：未知孰是）均隶思茅厅，思茅厅属普洱府。且当地所产之茶，多数以思茅为集散地，故以是名有。

今则情□不同，大凡顺宁、云县、双江、缅宁所产，十九以下关、昆明为集散地；景东、景谷所产，则以昆明为市场。而佛海、南峤、车里所产，则以佛海为中心。普洱非特不产茶，且非茶叶贸易市场，仅佛海少数散茶，运至思茅，以茶号□以倚邦茶，装筐后分售省商，古宗已不占重要地位。故"普洱茶"为历史上之名称矣。[1]

历史话语当下还在发挥作用,你随便咨询一个普洱茶界的人,他们盘点完所有的茶山,也想不起来宁洱有什么著名茶山。2007 年,老普洱县更名为宁洱后,这一情况进一步加剧。姚荷生 1940 年代的叹息仿佛又闪回我们的视野。他如此感慨:这个昔日的茶叶重镇已经被勐海所取代。而现在,就连与他名称相关的称谓也消失不见了,只有高速公路边巨大广告提醒你,这里有一家叫云南普洱茶厂的企业。

2007 年,我们就在宁洱的普洱茶厂举办了第一届百年普洱品鉴会。当时的县委书记就说,因为大家都说这里不产茶,他们在推广上花费了很多功夫,费了许多唇舌让消费者相信本地所产普洱茶的正宗和优质,但即便是这样,效果还是不佳。

太多人懂得利用历史来增加文化筹码,但历史也有被架空的时候,这考究着每一个人的智慧。在陈与新之间反复的普洱茶,还将继续耗散我们的智力。下一轮到底会是什么观念兴起,谁都无从知晓。

四、沙溪:马帮的往事与近事

在去沙溪的路上,我忍不住在微信上写了一段文字:愁绪三千里,无梦在沙溪;雄关连阵云,群山抱青衣;村田红泥浅,孤客多酒意;且问白云边,乡关何所寄?

等到了沙溪,又忍不住再写一段:三百里古道漫漫,千里阵云诉衷肠;伴青松遍山,听野花真香;一屋炊烟,是故乡。

---

[1] 张肖梅:《云南经济》,国民经济研究所印行,1942 年。

藏在深山里的世界建筑遗产

因为没有发地理信息，朋友圈许多人问，这是丽江？一些朋友甚至想当然说，丽江就这么美？

但这里不是丽江，是沙溪。这些错觉也许是当地商人所需要的，他们在客栈里醒目地写道：这里是二十年前的丽江。

古老的建筑让时间停滞了，这里没有酒吧，没有 KTV。晚上 12 点不到，客栈纷纷关门；早上六七点，在大戏台就能听到咿咿呀呀的读书声，早起务农的人们穿梭在小道上。

回想昨夜寻找唱歌之地，遭到当地人的揶揄："有可以唱歌的酒吧就不是沙溪，就是丽江啦。"我们也企图寻找一喝酒地，同样遭到嘲笑："茶和咖啡都有，就是没有酒。"于是只好灰溜溜地回到客栈，打开自带的酒，佐以自带的茶。

沙溪是一个很小的小镇，不到半个小时就能转溜个遍，遇到的老外也大都不会问路，一横一竖的走法，实在找不到迷路的理由。只要你静下来，走进去，哪怕是一段木头也足以让你琢磨半天。

许多外地人知道沙溪，是因为它享有一个世界性的荣誉：2001 年 10 月底，沙溪寺登街与北京长城、陕西大秦宝塔、上海欧黑尔·雷切尔（Ohel Rachel Synagogue）犹太教堂并列"2002 年世界纪念性建筑遗产保护名录"，获选理由是，这里是**"茶马古道上唯一幸存的集市"**。

如果不是这个"世界纪念性建筑保护基金会"（WMF）的认证，寺登街不可能像现在这样广为人知。在很长时间里，它躺在青山绿水间，默默无闻，只有不断到来的马帮会打破这里的宁静。今天许多人绕开大丽公路，多走几百公里，就为了拐到这里来缅怀昔日的风物。

任何一个时代，主干道都会带来沿途市镇的繁荣，而改道则使得繁华成为过往。也许令交通研究者着迷的正是这样一种变化：在新旧交替中，人的生活到底发生了什么样的改变。

高山江河奠定了人类最初的信仰，却也阻挡了人们对世界的进一步认识。我们被告知，因为洱海广袤，澜沧江奔腾不息，怒江险恶，那些终日与山林打交道的马帮汉子选择了一些较为安全与顺畅的道路。他们在某个时刻来到了寺登街，选择这里作为打尖中转站。而后，这里成为北进川藏，南入中原以及与东南亚、南亚、西亚各国贸易的集散地。昔日马帮创造的财富，如今变成了我们观赏的遗产。

即便是你没有来过沙溪，也可以调出谷歌地图，清晰地看到细长的黑潓江缓缓淌过，鳌峰山苍翠欲滴。网友上传的照片，点缀着木房、土墙、戏院、旅馆、寺庙、寨门……多么有意思的组合啊。

善于总结、夸张的沙溪人

历史上的沙溪有4条对外通道通向东西南北，分别设有关卡，人们称为"沙溪四卡"。往东通往洱源县，设有最为重要的大折坡卡，主要是茶叶、食盐、丝绸、手工艺品、珠宝北输西藏的关卡，也是西藏贸易输出的主要的关卡。往南通往乔后盐矿，是乔后盐矿的输出卡。往西通往弥沙，设有马坪关卡，是其他三个盐矿——诺邓、弥沙、拉鸡井——的输出关卡。往北是沙溪所属县城剑川，设有明涧卡，与东卡一样，是历代政府镇守收税的地方。

一些上了年纪的老人，还能想起祖辈南来北往的故事。他们抽着隆隆作响的水烟筒，述说着昔日的传奇故事：康巴汉子在这里跳锅庄啦，下扣子逮到豹子啦，有印度阿三来买茶啦……只要你愿意，换几泡茶都听不完。印度人来这里买茶，到底有没有，不知道；但石宝山上确实刻有印度人、波斯人的雕像。

沙溪因其地处要冲，被南来北往的马帮汉子们选定为打尖的中转站，进而发展为贸易集散地，日积月累逐渐才成长为今天的样子。图为19世纪末法国人路易·德拉波特版画中的马帮。

现在的明涧哨马帮路，是后来当地人在明涧哨东面的山谷里，用龙骨石的石板铺成新式的"古道"。原来的老路仅容两匹马并排通过，有石梯沿山谷而上，直达明涧哨。古道上留下很多的马蹄印，所以人们叫它"马蹄路"。

马坪关是古四卡中唯一保存完好的关卡，现在还在使用。距离寺登街大约1公里，不过山路崎岖，需费不少时力，得翻山越岭才能抵达。那里现在有马关村，有两座风雨桥，古老的洞拱还在，上面遮风避雨的路房重修过，还有马帮不时经过。朋友告诉我们，马坪关小学只有1个姓张的老师在任教。

沙溪四通八达，又是山路弯弯中难得的坝子，成为一个热闹的集市似乎有其必然性。中间虽然没落，2002年以后又渐渐热闹起来，走在街上要随时小心，否则可能与马儿相撞。在网络虚拟的农场上种菜的人，大约对这些诗一般的名字不会感到陌生：麝香、鹿茸、藏红花、贝母、冬虫夏草、茶叶、宝石……在寺登街，也许你享受不了网络时代虚拟种植的乐趣，但是你可以亲手去触摸、感受这些千百年来不变的贸易主体。

这里有许多古老的柜台。我多次想象，在这里交易如何发生，他们怎么辨别货物的价值，又怎样讨价还价。要是语言不通，他们又会选择怎样的交易符号——是用手指去表示数字，还是他们已经形成了一套属于自己的商业贸易语言。

现在沙溪还有许多人会唱赶马歌，我们听了这些歌，就觉得KTV里的歌实在太没劲。一个女人唱道："嫁人莫嫁赶马人，大年三十才结婚，正月初一就出门。"离别之苦，三言两语道尽，这是唱不嫁的。也有唱嫁的，男人唱道："嫁人么要嫁么那个赶马哥，鸡巴么又大么那个漱又多……"他们不解释为何这么唱，我们也解释不了。还有唱吃醋的，男女都会："人比人么气死人，马比那个骡子么驮不成。"云南骡子虽然比马矮小，但有耐力，适合长途跋涉。张锡禄和王明达的《马帮文化》[1] 里，收录了更多的马帮情歌。

从情歌可以看出沙溪人很善于总结和夸张，这种特质在日常生活里也有所反映，令人喷饭：他们说楼高，会说"正月初一去烧香，正月十五才下来"；说某人比较不孝顺，给老人吃"十七八天的新鲜粑粑"。

与埃德加·斯诺相遇

不过，当地人说，大家还是愿意嫁给赶马人的。"因为至少有一份职业啊，有钱啊，能养家糊口啊。"民国年间，每年十多万担食盐和茶叶从这里运出，到大理每担就可以获得六七块大洋，到丽江每担又可得 10 块大洋，如果是到永胜的期纳镇，每担又可以获得 20 块大洋。这只是单程，返回的时候还携带许多药材、皮革之类，走一趟获利不菲。

埃德加·斯诺，就是写《红星照耀中国》（《西行漫记》）的那个美国人，是中国人民的好朋友。他还写过一本书叫《马帮旅行》的书，讲的就是在云南跟随马帮行走的故事。

他总结说，马帮算得上是最绝无仅有、不慌不忙、莫名其妙、喜欢拖延时间的"运输工具"了。跟随马帮出行是最没有时间表的旅行——日子不好不出行，天气不好不出行，价格不适合不出行，保镖不够不出行，土匪多也不出行，当然骡子生病和马夫喝醉酒也不出行。这些都是在附近城镇盘桓的理由，也在一定程度上养成了云南人懒散的习惯。当然，鸦片和豆子收割的季节，是赚钱的好机会，马帮就出

---

〔1〕 参见王明达、张锡禄：《马帮文化》，云南人民出版社 2008 年版。

行得频繁了。一切为了钱嘛，这个道理在哪个年代都是一样的。

在欧阳大院晒太阳的时候，我做了一个梦，梦到自己居然遇到斯诺，还有一段对话：

——马帮出发前要准备些什么工作？

——我第一次马帮之行，差点就夭折了。当时盛传马帮线路上有疾病传播，还有专门杀外国人的土匪出没。还有，我的钱也不多，请不起向导。幸好后来遇到洛克博士。

——洛克？就是那个最早鼓吹丽江的外国人？

——对，他可真是个妙人，在丽江发现了许多未被命名的植物。丽江成就了他，他也成就了丽江。因为他是美国政府的人，钱多，可以雇佣的人就多。他学识渊博，谈吐风雅，我一路上很受益。但是，我的那个四川厨师，简直糟糕透了。他完全是一个混蛋，懒惰、撒谎、偷盗、酗酒、绑架，哪样都干过。一想起他来，我在天堂都打战，当然，他现在在地狱的日子也不好过。

——你在马帮路上遇到过土匪吗？

——遇到过，不过他们没有前来打劫。看到我们的保镖多，枪还比他们的好，他们就缩到山林里不出来了。

——马帮的路不好走吧？据说像在云间行走一样？

——我是坐火车到云南的，当时云南全省才有5部汽车，完全没有公路。当地人叫马帮的路为"梯子路"，走这样的路，就像爬梯子一样。许多路只应该叫"羊肠小道"，你完全不知道自己是走还是爬。有一条好路，是贸易的关键，现在你们不是倡导"要致富，先修路"嘛，只是意识来得太晚了。

——路上你最感动的是什么？

——当地人的乐观吧。纳西人唱自己的歌，我听不懂，但是我能感觉到他们的欢愉。马夫们也是一路走一路唱，完全不把土匪看在眼里。还有，许多地方可以看到关公庙，虽然许多地方都有各自的信仰，但是对一些神却是一起膜拜的。对我这个异教徒，也不怎么排斥。

马帮汉子们之间的友谊也是很难得的，许多人都没有结婚，马帮讨媳妇很难，一方面妇女的比例小，另一方面这个工作像海员一样，长年不在家。但是很少有人沮丧，我问过一些马夫挣钱主要做什么，他们都说要讨一个好媳妇。

马帮路上我遇到的僧人很多，当地人很出世，以前我不理解。现在回想起来，觉得这样的生活也许更好。

——外国人夹在马帮中，人家不稀奇你？

——当然稀奇。看别人的眼光就知道了。记忆最深的是有一次在红岩，当地一个有威望的老人特意来瞧瞧我。可是我却误解他有什么不好的目的，交谈得很没有礼貌。后来才知道，他只是来看看外国人长什么样子而已。

马帮络绎不绝的身影如今已看不到了，但自百年前直到现在，外国人对古道的兴趣从未衰减。有一次在四方街台湾人开的咖啡馆闲聊，进来了一个老外，给每人发了一支烟，然后用生硬的汉语问道："你们说的茶……马……古……道在哪里？"一个家伙回答说：就在这里呀！把酒换成茶，拉匹马晚上骑着回家，不就是茶马古道么？大家笑倒一片。

倒是老外认了真，他到中国已有好几年，来云南却是第一次。他说在英语著作里少有人写过茶马古道，来到这里才发现茶马古道很有价值，至少沙溪是很有意思的。

说起来，这茶马古道在中国也不过近 10 年才热起来，许多人习惯将其混称成"南方丝绸之路"。如何翻译茶马古道却是一难题，叫"Tea-and-horse Trail"吧，接近于古道的性质，但明显有自造的痕迹。说是"South Silk Road"呢，现在感觉也不对了，人家明明运的茶叶，你怎么说这是丝绸？美国《国家地理》报道这条古道的时候，用的是"Ancient Tea & Horse Road"，但云南研究茶马古道的人，都认为直接用"Chamagudao"拼音更好一些，毕竟现在茶马古道是我国一项大型文化遗产了。

欧阳大院里的"五星级马帮酒店"

要是喜欢清静的地方，就去看看玉津桥和兴教寺，也可以看到清代的民居与木板铺子，以及让人坐下就舍不得离开的清代大戏台。沙溪三十多家深宅大院里，每一家都深藏着故事。随便听到的某个故事，都可能让你沉默许久。坐在千年古槐树下，呼吸着玉兰花的香气，缤纷的故事就从眼前展开。

欧阳家昔日的大院，在这个时代，获得了"五星级的马帮酒店"称号。踏进那"三坊一照壁"的白族典型建筑，欣赏那些雕梁画栋，一不小心，就会被那些画写着"福""寿"字样的笔锋勾走，时间也慢下来，再不属于自己。用清冽的井水泡上普洱茶，很容易就消磨了一个下午的时光。

建造欧阳大院的欧阳景和是马锅头，马锅头就是一支马帮队伍的首领。许多人并不知道这点，NHK 拍的《茶马古道》，翻译的中文字幕都打成了"马国途"，还以为是一个人的名字。欧阳景和据说是欧阳修的后人，祖上从江西庐陵（今吉安）迁到沙溪，上一代还出过贡生。到他这一代，赶上杜文秀在大理起义，书香世家的后人也不得不走上赶马人这条路。

为了不辱没先人，欧阳景和改名换姓混迹马帮，从小伙计干到马锅头，从穷困潦倒到富甲一方。欧阳大院占地1 300平方米，盖了5年，画了7年，他在大照壁上把欧阳修的字号题了上去："六一家声"。自己已经荒废，孩子不能耽误，欧阳景和倾力培养他们，把两个儿子分别送到云南省立师范学校和陆军讲武堂学习，希望这一文一武可以永葆家业。但遗憾的是，抗战期间（1941年），欧阳景和去世，已在军中任职的欧阳树辞职回到家乡，继承父亲走马帮的老路，却不幸于1946年被土匪杀害。我们见到欧阳树的遗孀时，她已经快一百岁，她已经失去太多。1949年后，她被撵出家门，直到"文革"后再搬回来。无需多言，沧桑就写在脸上。

从欧阳家大院出来，就来到了沙溪的中心——四方街。东西宽约100米，南北长约300米，整个广场街面均用红砂石铺就，两边的房子都是前店后院式的建筑，街面上有两棵古槐树。四方街是城镇的中心广场，俯瞰很像一个官印，有"权镇四方"之意。作为商街来说，其道路通向四面八方，是人流、物流集散地，所以叫四方街。云南许多古集市都有四方街，比如丽江大研镇。寺登的四方街上的物件都是古字当头——古寺庙、古戏台、古商铺、古巷道、古树、古寨门。今天的人们多了许多怀古的心。

东寨门前那个大得可以让小孩坐进去的马蹄窝，如果不计算它形成的时间，不将其与过去数不清的踩踏相联系，或者它出现在另外一个地方的话，不得不让人怀疑它出自某个顽劣儿童之手。因为这样的

"杰作"，他忘记了回家吃饭的时间……

在一个细雨蒙蒙的下午，雨水冲掉了我们身上的汗味，激发出大地的气息——泥土、野草、野花、树木、马粪、牛粪、狗粪的气味，都被雨声唤醒。是的，这才是真正田园的味道。光阴逆旅，我们一路想象它昔日的繁华，享受它作为城镇提供的便利，但唯有此刻，真正的沙溪才冲破层层外在的束缚，在我们面前袒露出本来面貌。

紧贴着大地，在雨水的冲刷下，无数的生命复活，恣意，盎然。古老而清凉的风，欸乃一声山水绿……

一些事情表面上看起来是偶然的，但世间真正偶然的东西毕竟太少。马帮选择这里，也许真的始自一次偶然的闯入、落脚，但历史告诉我们，早在两千四百多年前，这里就开始青铜冶炼。1980 年发掘的鳌峰山青铜文化古墓群证实了这里曾经发生的一切，遥远到我们必须借助更高级的科技才能还原出它最初的样子。

五、古道遗珍：博南道与霁虹桥

两首古民谣，诉说着从博南道至永昌道的故事。

一首来自汉代："汉德广，开不宾。度博南，越兰津。渡兰沧，为他人。"

一首来自唐代："冬时欲归来，高黎贡山雪。秋夏欲归来，无那穿赕热。春时欲归来，囊中络赂绝。"

还有更多的歌谣被四处传唱。其一：月亮出来亮汪汪，小河淌水清汪汪，主子出门走夷方，不知何时能回乡。其二：砍柴莫砍葡萄藤，养囡莫嫁赶马人。三十晚上讨媳妇，初一早上要出门。

……

"汉德广，开不宾。度博南，越兰津。渡兰沧，为他人。"在两千多年前，云南劳役们这样唱着。我们无法知晓它最初是如何形成的，形式上有点像《道德经》，但从内容看更像是来自《诗经》里的句子，不像出自椎髻卉裳的蛮荒之地云南。汉代的诗歌整理者没有删除那些抱怨的心声，而是尽可能地作了修饰，将其留存下来。

张骞报告里的云南风物

我们试着把这些诗歌中的意象还原为今天依旧能够探访到的地方：兰沧就是澜沧江，博南就是博南山，距离大理永平县不过二十余公里，这一段距离，今天被称为"博南古道"。

云南再次进入到帝国中枢的视野，来源于一份交通报告。这份报告的作者，是中国历史上最伟大的探险家张骞，他的一生都在努力寻找汉王朝在世界上的位置。24岁那年张骞毅然出使西域，之后被困匈奴十余年，回到汉朝时，他的那些报告内容被司马迁分散使用到《史记》的各个章节。今天的我们，也只能按图索骥，探寻那些信息背后的价值。

根据张骞的报告，远在官方铁骑到达之前，四川的货物便经云南出缅甸而抵印度。汉代以前有限的记载显示，秦王朝派人来过这里，到了汉代也有些人去过云南。不过这些人大部分有去无回，不少汉官一入云南境内就客死他乡，许多幕僚给皇帝建议：南部大开发并不值得！

张骞以他多年的流亡经验告诉汉王朝，南下云南是有好处的：汉王朝之物产、礼仪文明，多为他国称羡。如果在民道的基础上铺修官道，以此促进对外贸易，有百利而无一害。

具备世界眼光的张骞的言辞，比其他幕僚更能打动野心勃勃的汉武帝。西域诸国不是那么好惹的，"今使大夏，从羌中险，羌人恶之"，而道路"稍北则为匈奴所得"——权衡之下，攻下云南是不错的选择，"通蜀身毒道便近，有利无害"。[1]

公元前105年，博南道开通。于是，就如那首歌谣所唱的——"为他人"，多么不甘心呀。这里很早以前就有商道，贸易往来使得古老的博南道沿途发展出许多城镇，随着商道进来的佛教信仰也在这些地方扎了根。任何一个时代，都不会有人拒绝过安定和平的生活。

西汉元封二年（公元前109年），汉武帝48岁，对他来说这是志得意满的一年。汉王朝在西北方攻下楼兰、姑师等西域重镇，在东边攻下朝鲜。打了大小十多次仗，尽管地处西南的云南全境没被完全占领，但终究还是掠夺了不少城池。他的领地扩张到滇池区域，在这里设立了益州郡，封了一个滇王给滇国首领。1960年代，滇王印的发现，证实了司马迁的记载。是年，他们在德宏设置哀牢地，在玉溪设置俞元县，在大理设有叶榆县。永平十二年（公元69年），东汉王朝相继设立了哀牢、博南二县。

博南古道：淡出历史的生命线

博南道的开通，正是施展雄图伟业的必要步骤。道路从来都不是一朝一夕就能修完，而需历经数代人开挖、铺设，慢慢才形成有规模的交通网络。秦代通往云南的通道有从云南东面昭通进来的五尺道，也有从西南边沿金沙江进来的灵关道——因为后来红军选择从这里出云南，这条道路再次令人瞩目。博南道的开辟，连接上五尺道、灵关道，与永昌道一起成为古老的国际大通道"蜀身毒道"云南境内的主

---

〔1〕《史记·西南夷列传》

干道，也成为汉王朝进入云南的主要官道。

博南山主峰并不长，这是当初选择在这里建道的主要理由之一，但这百里却山势险峻，稍有不慎，就会跌入澜沧江。这样危险的道路，其实军事价值往往很高，官方设有"丁当关"，大约取意一夫当关万夫莫开。

古老的博南山森林密布，寒气逼人，常有路人冻死于此。传说一位法号博南的僧人在山上搭棚，救助那些饥寒之人，后人感之，遂命名为博南山。博南道在历史上无数次扮演生命线的角色，这个温暖的故事则让我们更加深了这层印象。

博南古道在永平县境内绵亘一百多公里，保存完好，经过两千多年的历史沉淀，已是很受追捧的旅游路线。当地政府开发出了北斗铺、万松庵、天津铺、曲硐清真寺、万马归槽、花桥古驿、元代古梅、贞洁匾额、博南山碑、永国寺遗址、明代古茶、杉阳古镇、西山古寺、凤鸣古桥、江顶寺门楼、下铺客栈遗址、蒲蛮桥马居遗址、霁虹桥遗址、澜沧江畔摩崖石刻等景点，供往来人参观、凭吊。

抗战期间，滇缅公路开修，他们绕开了博南山上险峻的路段，但还是选择了博南山南端路段，这样一来，山上的部分古道再次回到民间。2002 年，新的大保高速公路建成通车，道路穿博南山而下，博南古道渐渐淡出了人们的视野。

霁虹桥：跌落澜沧江底的最古老索桥

不同的时代，博南山都发挥着不同的作用，选择翻越它、绕过它还是穿越它都行，却不能忽视它。如果你有怀古的心，那么做一回背包客，徒步古道；如果你要体验自驾车的乐趣，那么从老的滇缅公路可以远远地目睹它；而如果你最看重时间，那么就可以从高速路上快速穿越。但是，在霁虹桥，你需要停顿一下。

对古老的霁虹桥来说，你只能调动所有的想象去缅怀它。这座横跨在澜沧江上的古桥，倘若留意悬崖上的文字，就会被那些诸如"兰津古渡""天下星桥""虹飞彼岸""沧江飞虹""悬崖奇渡""金齿咽喉""天南锁钥"带进古典语境，书法和文字都会使人迷失，顿生美感。可是一旦你顺着那些残垣断碑深入进去，刚好你手边又有《华阳国志》之类的史书，你就会有更深沉的感叹了。

这座中国历史上最古老的铁索桥（1986 年被洪水冲毁之前），连接着保山与永平，在悬崖绝壁间，连接着一个边野之地与中央王朝的所有过往。它也昭示着一个王朝的野心与梦想，昭示着一个区域如何演化出奇迹。我们被告知，远在汉代这里就是澜沧江上的古渡口。那些木筏必须在向下奔腾的激流中横向而过，其间的惊心动魄，与江南地区"欸乃一声山水绿"的渡口风景迥异。

中国古代有"驾舟为梁"的记载，他们把舟船当做桥梁，几只船横在小河上，首尾相连，连接两岸，人可从船上过河。这种简易的浮桥，需要把许多船用绳索联成整体，在依赖航运的黄河、长江之上，使用得更多。这些都是民间的智慧，熟悉大江大河的人用生命换回的经验。治理江河，从来都是统治者的第一等要务，大禹治水、李冰修堰无一不是这样。

霁虹桥在汉代是用藤篾搭建而成的，在西南一带，这是很常见的方式。其做法是在两岸建桥屋，屋内各设系绳的立柱和绞绳的转柱，然后以粗绳索若干根平铺系紧，再在绳索上横铺木板，有的在两侧还加一至两根绳索作为扶栏。这种建桥方式始见于先秦，如李冰曾在四川益州（今成都）城西南建成的一座笮桥，名"夷里桥"，便是座竹索桥。西南地区建于明清时期的泸定铁索桥、灌县竹索桥等都是采用此种技术。

霁虹桥的两个桥墩上也有古朴典雅的桥堡，分别名为"武侯祠"和"观音庙"，那是后来修的了。唐人樊绰在《蛮书》里说："澜沧江南流入海，龙尾城（今大理）西第七驿有桥，即永昌也。两岸高险，水迅激，横亘大竹索为梁，上布箦，箦上实板，仍通以竹屋盖桥。其穿索石孔，孔明所凿也。"它的竹索固定于澜沧江两岸，上面铺有木板，两侧有用竹索做的扶手，人走在桥上摇摇晃晃，那种感觉真是"人悬半空，度彼绝壑，顷刻不戒，陨无低谷"。这种"窥不见底，影颤魂栗"的索桥，在今天云南许多地方都有，一些旅游景点也有设置，供人体验。也有人说当年上面没有木板，难道古人都是杂技团演员么？真是不可想象！

在元代，霁虹桥开始用木头来搭建，清倪蜕《滇南杂志·卷七霁虹》说："元也先不花西征，始更以巨木，题曰霁虹，后圮，复以舟渡。"如果史料没有错的话，1295 年恰好是元成宗铁穆耳继位，此前4 年，跟随元朝大军征西的马可·波罗回到威尼斯，他带回去的东方香料——胡椒、丁香、桂皮、肉桂等等轰动了整个威尼斯。而他稍后口述的中国游记，则引发了持续几百年的东方热。当年的马可·波罗正是走过了霁虹桥，来到金齿（保山）的。

进入到明代，关于霁虹桥就有可靠的历史记载了。这座桥因为商道、官道的经过，进而成为一景。保山人张含在《兰津渡》里这样写道："山形宛抱哀牢国，千崖万壑生松风。石路其从汉诸葛，铁柱或传唐鄂公。桥通赤霄俯碧马，江含紫烟浮白龙。渔梁鹊架得有此，绝顶咫尺樊桐公。"桥边的摩崖石刻，有太多前来膜拜的人留下了诗句。

一部霁虹桥的历史，是一部毁了修，修了毁，再修再毁……直到永远消失的历史。下面的引文可能很长，需要阅读耐心。

霁虹桥被誉为西南第一桥,始建于汉代,其间屡经兴废,是中国历史上最古老的铁索桥。图为1903年美国旅行家盖洛（William Edgar Geil）所摄霁虹桥,收录于1904年出版的《扬子江上的美国人》一书。叶嘉供图

茶叶江山

明正德《云南志》：“旧以竹索为桥，修废不一。洪武间镇抚华岳，铸二铁柱于两岸以维舟，然岸陡水悍，时遭覆溺，后架木为桥，又为回禄所毁。弘治十四年（作者注：公元1501年），兵备副使王愧重修，构属于其上，贯以铁绳，行者若履平地。”

明张志淳《重修霁虹桥记》：“桥又倾，镇守太监朱奉及参将沐崧，命所司葺之，以图久远。始事于正德六年（作者注：公元1511年）十一月八日，落成以次年四月二十一日，上覆以屋，下承以巨索，而景之崖上，大率制皆仍了然之日，而贞固皆福之矣。”

明郭春震《重修霁虹桥记》：“嘉靖己酉（作者注：公元1549年）夏，霁虹桥复圮，有司白其事于分巡检宪孟公，请于两台，予奉玺书按部继至，饬财度工，以千户万汇、巡检王贵之督工，凡三逾月，乃落成。”

明万历刘廷蕙《重建霁虹桥碑记》：“万历丁酉（作者注：公元1597年）春，大侯州奉学夺印谋官，借资顺宁酋长猛廷瑞。猛廷瑞者，素蓄不轨，惴惴虞其及也，遂取二桥。一日，畀炎火……顾二桥渐然烬余，犹病涉，非可以委土寅射利者……讫工于嘉。平月之十日，凡五阅月，而二桥告成，规峙且廓焉。”

明万历邓原岳《重修霁虹桥记》：“蒲夷再叛，大中丞陈公命率总偏师剿之，兵宪杜公监其军，授以方略，军威大振。贼走，路绝，计无所出，夜潜出烧桥，欲以断饷道而困永昌，一夜尽为煨烬……尔前募建时颇有赢锱，度不足，则捐俸为大役。先，巡宪张公割禀余佐之，二三守相及缙绅三老，亦名乐助其成。经始于春二月，而毕役于夏六月。矫若长虹，翩若半月；力将岸争，势与空斗。”

明天启《滇志》：“万历二十七年（作者注：公元1599年），为顺宁猛酋所焚，兵备副使邵以仁重建，二十八年（作者注：公元1600

年）复毁，兵备副使杜华先、分巡按察使张尧臣捐俸修，知府华存礼请于两岸设弓兵守之。"

明崇祯《徐霞客游记·滇游日记八》说："万历丙午（作者注：公元1606年），顺宁土酋猛廷瑞叛，阻兵烧毁。崇祯戊辰（作者注：公元1628年），云龙叛贼王磐又烧毁。四十年间，二次被毁，今己巳（作者注：公元1629年）复建，委千户一员守卫。"

清乾隆《永昌府志》："明季复毁，顺治（作者注：公元1644年—1661年）间，督抚司道各捐金檄金，腾道纪尧典督建，两端系铁缆十六，覆板于上，为屋三十二楹，长三百六十丈，南北为关楼四，宏敞坚致，视昔有加，后毁于兵。康熙十二年（作者注：公元1673年），总兵张国柱重建，吴逆时又毁。二十年（作者注：公元1681年），知县蒋嘉谟重建。二十七年（作者注：公元1688年），总兵偏图增修两亭于南北岸（作者注：东西岸），桥旁翼以栏杆，日久捐蚀。三十八年（作者注：公元1699年），总兵周化凤、知府罗伦、知县程奕重修。乾隆十五年（作者注：公元1750年）水泛冲毁，知府曹梦龙、知县顿权重修。"

清雍正《云南通志》："元元贞间（作者注：公元1295年—1297年），也先不花西征，易以巨木，后圮用舟渡。"又说明："成化（作者注：公元1465年—1487年）中，僧了然募建，以铁索桥两岸，上盖以板，为亭二十三楹。"该文简要记载了元朝也先不花西征建桥和明朝成化间了然建桥的具体情况。

清光绪《永昌府志》："道光二十六年（作者注：公元1846年），兵燹焚毁，铁索坠于江中，知府李恒谦重修。"该文简要记载了道光二十六年（公元1846年）毁和修的情况。

民国《保山县志》："民国十五年（作者注：公元1926年）匪乱，

拆板桥，后又修之。此桥当永昌交通要冲，既建铁桥后，屡毁屡修，一郡之治乱所系，不徒商旅之往还也。"

民国《重修保山澜沧江桥碑序》："庚午（作者注：公元 1930 年）十二月二日，天将明时，有大帮驮牛争先过桥，不服制止，致使牛拥挤桥上，压力过重，当即铁链踩断两根。三日正午又有驮货马驮数十头，相继强行达桥，未及过半，铁索又断十根，仅余两根，桥板已坠水面，完全不能通过。桥断之后，当时采取的修桥措施是：县府于勘明后，召集所属各机关暨商会人员开会研议，对于目前救济交通，暂编浮桥一座以便继续通行，一面鸠工庀材重建铁桥用符原状，所需工程款项，除饬杉阳（今永平杉阳乡）人民耕种养木公山者，仍然向例供应桥板外，其余铁木石工，永保二县均有应募之人传到，分别服役，仍然付工资，议由往来货驮、行人牧畜等项，量予抽取功德。"（肖正伟，《霁虹桥与摩崖石刻考说》）

1938 年 8 月滇缅公路通车后，霁虹桥变成人行道。1949 年云南边纵七支队西进保山，为阻止保安团追击，将 18 根铁索宰断，1952 年重新修复。1986 年，霁虹桥被山洪冲毁，1998 年才在上游 20 米处由民间筹资重建，更名为善德桥。2007 年，由于水电站蓄水，善德桥又被迁建至上游 100 米处，复更名为霁虹桥。只是，完全脱离了固有的场域与人文景观之后，这新建的所谓"霁虹桥"还能接续得上它曾经的历史吗？

名胜与山水有关。晋宋之间，宗炳在《画山水序》里说："圣人含道暎物，贤者澄怀味像。至于山水，质有而灵趣，是以轩辕、尧、孔、广成、大隗、许由、孤竹之流，必有崆峒、具茨、藐姑、箕、首、大蒙之游焉。又称仁智之乐焉。夫圣人以神法道，而贤者通；山水以形媚道，而仁者乐。不亦儿乎？"

西晋名将羊祜镇守襄阳，登岘山时说："自有宇宙，便有此山，由来贤者胜士登此远望如我与聊者多矣，皆湮灭无闻，使人伤悲。"后百姓建堕泪碑纪念他。唐时孟浩然来到岘山，留下"人事有代谢，往来成古今"的千古绝句，之后有北宋欧阳修再登岘山作文……抚今追昔，追忆者又被后来的追忆者缅怀，一同构筑了我们称之为文化的东西。追寻摩崖石刻，也不外乎这样的情怀：不同时代的人面对同样的风土人情，同样的山水情怀，同样的吾国吾民。

有人曾经问我，云南最令你感叹的地方是哪里？我想他的意思是，哪个地方是最值得他去瞻仰的地方。我说的第一个地方是霁虹桥。我也曾开玩笑说，那座桥已经被历史压倒过很多很多次，我每次去，都会想象它会在何时再倒下去。然而在听到霁虹桥完成了它最后使命，寿终正寝跌落澜沧江的时候，我还是忍不住又悲伤了一回。

过了霁虹桥，进入永昌道。

这是茶马古道在中国境内的最后一段了。历经霁虹桥的艰险过来的人，看到保山的坝子或许会很开心，毕竟这里有赶马人说的"七十二条街，八十二条巷，古老的城门和城内鳞次栉比的牌坊"，是个繁华之地。短暂逗留后，他们便又要满怀忧愁地上路，接着就要翻越高黎贡山了。永昌道在"滇西大裂谷"横断山脉之中，怒江、澜沧江、金沙江、玉龙雪山这些大山大河阻断了东西的通道，一路上瘴气不断，还有毒虫虎豹出没，让翻山越岭的行路变得异常艰辛。

第四章

康藏：茶是血！茶是肉！茶是生命！

在藏族人眼中，茶叶是第一等重要的物资。香格里拉藏族古谚语里说："加察热！加霞热！加梭热！"翻译过来就是："茶是血！茶是肉！茶是生命！"大理因为生产和加工茶，触摸到了藏区人民最柔软的地方。

一、甲巴龙活佛的茶室

迎着初升的朝阳，我们入住了位于松赞林寺下的松赞绿谷酒店。

把好茶都用来事佛

火塘就在大厅间，坐下后，细心的店员送来布鞋供我们换下登山鞋，并告知我们三楼可以吸氧。一直在壁炉上温着的姜茶，倒出一碗就可以为我们祛除些许寒意。一出机场，打折热销的户外装备和红景天都在提醒着，自此我们踏上了全新的领地，海拔、气候与味蕾都在考验着他乡客。从机场一路过来，脖子上白色哈达已经攒了不少，白色的雪山，忽而身前，忽而身后。

向导福康说，你们来的正是时候，梅里雪山方才显露出真容。11

月，藏区已经提前进入冬季。他说："我9月去的时候，都是雾气缭绕，这时节，转山也开始了，你们会收获很多。"在何昆庆的安排下，杨艺杰和福康把我们带到松赞林寺东旺康参活佛甲巴龙徒弟处喝茶。欢迎我们到来的除了活佛，还有在楼梯和佛堂之间来回跳跃穿插的松鼠，它最热情，几乎把我们每个人都欺负了一遍。

佛堂里有许多佛龛以及唐卡，茶台由榧木雕刻而成，茶刷是用孔雀毛做成的，紫砂壶则是宜兴的。我们在许多茶室，也能看到类似的配置。许多人会悬挂字画，"禅茶一味"这几个字少不了，但到了寺院，这样的字句反而见不到。

佛堂里摆放了许多礼品，才上市不到几天的玉溪"褚橙"，呈贡的宝珠梨，武夷山的岩茶和金骏眉，大益的"红韵"熟茶，也有印度茶。我们笑道，这个小小的佛堂，其实已经集合了最好的饮品、食品，活佛真是好口福。

甲巴龙活佛却把这归功于信徒的眼光，说起茶来，他有着极深记忆。几乎每一种茶，他都能说出一个故事来。活佛说自己喝得最多的是红茶，"红茶养胃"。在印度十多年的生活，使得品饮红茶已经融入活佛的生活之中，"印度的朋友现在还给我寄红茶，你喝喝这个"。

我们拿到手上的茶，写着 tata tea gold（塔塔黄金茶），这是印度很著名的牌子，在中国尚属少见。茶由细末与茶叶构成，不同于我们对茶叶的传统印象——在中国，通常情况下是把茶末与茶叶分开包装，并不会将二者结合。尝了一杯，滋味不错，香气也高。

活佛告诉我们，20年前好茶可不易得到，要是有茶，可以去换大米养家糊口。香格里拉不是产茶区，"你看我们都把好的茶用来事佛了"。

茶是血！茶是肉！茶是生命！

他拿着大益的"红韵"熟茶说，普洱熟茶主要是用来打酥油茶。"在我小时候，还可以见到用下关砖茶来打酥油茶的，但现在基本被熟茶取代了。熟茶性温，中甸这个地方冷的时候多，很适合我们。"在普洱茶大热后，许多人来寺院找存留的老茶，"寺院一直都有储藏茶叶的茶房，但每年都把茶分散到每个僧人手中"。

松赞林寺有上千个僧人，去印度学习的有三百多人。僧人早上起来做功课，酥油茶是必备的，一人两碗，一天下来，一个人都要喝掉十来碗酥油茶。活佛说自己现在一个月上殿七八次，也有人每天都上殿，这视个人情况而定。

我们问甲巴龙，印度茶与云南茶，那种更适合他？他露出了很难抉择的笑容。

在绒巴康参格西活佛那里，我们遇到了另一种喝茶的范式。因为停电，我们没有享受到格西活佛高超的泡茶手艺，但却领略了他对茶的另一种看法。在活佛家里，布置出了室内室外两个茶台，他告诉我们，金蝉是从建水请来的，烧水炉和铁壶则是从广东揭阳请来的，泡茶壶有建水的，也有宜兴的。

"我不怎么喝酥油茶，我喜欢清饮。在福建，我学会了泡功夫茶，去宜兴又了解了怎么识别壶，全国只有贵州和新疆我没有去过。去的地方多，开眼界啊。"

格西活佛在印度学业有成，两张证书就挂在墙上。他去印度20年，读书读得眼睛都近视了。不过，他身体好得出奇，我们都是绒衣加身，他却穿着露肩僧袍。他说有一位西双版纳的茶商，每月都按时给他寄好的普洱茶。"现在信佛的人多，他们知道我们需要茶。"格西活佛说。

活佛也会选择一些雪山水来泡茶。这里曾出过一款水，核心概念就是雪山水，卖得很贵。在雪域高原考察期间，每每遇到雪山，我们都会有上去收集雪水泡茶的冲动。在汉语的茶饮话语体系中，雪水一度是上好的泡茶之水，但对于身处雪山下的僧人来说，茶才是罕有之物。

有见识的活佛说，现在许多地方的水都受到污染，但你们在中甸（香格里拉）遇到每一个湖泊，每一条水沟，都可以俯身饮水。在这里，人可以与牛羊共饮，我们在其后的行程中，也多次验证了他的说法。

在藏族人眼中，茶叶是第一等重要的物资。香格里拉藏族古谚语里说："加察热！加霞热！加梭热！"翻译过来就是："茶是血！茶是肉！茶是生命！"大理因为生产和加工茶，触摸到了藏区人民最柔软的地方，他们唱到："大理是个美丽的地方，洱海的茶叶香遍加郎，请将哈达和酥油收下，把我的歌声带回你的家乡。"[1] 藏族茶歌《头道鲜茶献本尊》现在还在流传：

> 翻过高山那一边，
> 越过沟谷那一边，
> 山谷之间打一尖，
> 竖上兔样三兄石。
> 手中拿着金色勺，
> 放上一口银色锅，
> 掺入甘露般雪水，
> 多加汉地黑茶叶，

---

[1] 陈保亚：《茶马古道的历史地位》，载《思想战线》1992年第1期。

少加起色的白碱。

摊上柴薪请火神，

多加母牦牛酥油，

不多不少加点盐，

使用檀棍搅两下。

头道鲜茶献本尊，

保证来世超度我。

二道鲜茶献长官，

保证现世将我扶。

二、若没有松赞林寺，贺龙该怎么办？

我们常言的松赞林寺（雍正时期更名为归化寺），全名为"噶丹·松赞林"，是五世达赖喇嘛所赐，"噶丹"表示传承黄教祖师宗喀巴首先建立之噶丹寺，"松赞林"意为天界之神游戏地。[1] 寺院东面有"拉吹"（山农台），象征色拉寺；西面建松匹林拉吹，象征哲蚌寺，与拉萨三大寺同在。

吃皇粮的黄教寺庙

松赞林寺的兴建与清朝康熙帝时期吴三桂等人的"三藩之乱"有关系。[2] 康熙十三年（公元 1674 年），五世达赖喇嘛同蒙古和硕特

---

〔1〕 参见木霁弘、陈保亚等：《滇藏川大三角文化探秘》，云南大学出版社 2003 年版。

〔2〕 参见袁萍：《噶丹松赞林今昔》，载《中国西藏》1998 年第 4 期。

部丹增汗派蒙藏军队进入结打木（大中甸）、杨打木（小中甸），平息了中甸嘉夏寺为首的本地噶玛噶举派寺院僧众以及当地土司发动的武装叛乱。率军进驻该地的蒙藏军队将领巴图台吉将中甸献给了五世达赖喇嘛，作为寺院庄园。

康熙十四年（公元1675年），五世达赖喇嘛上奏清廷称："吴三桂曾取结打木、杨打木二城，今已发兵攻取，防守沿边。"此后，中甸兴建了大量格鲁派寺院。康熙二十二年（公元1683年），经康熙帝恩准，五世达赖喇嘛选址并赐名的中甸"噶丹松赞林"在原来的噶玛噶举派孜夏寺的废址上建成。康熙帝敕赐该寺330份度牒，由西藏派木洛昂汪诺杰任掌教，将70户农奴划给该寺作为庄园的神民户。此外，西藏还派举玛顷则负责管理日常佛事活动及所需经费，将300户农奴划为供养该寺僧众的教民户。寺内正中供奉金龙牌位，上书"皇帝万岁万万岁"，前排正座供五世达赖喇嘛等身铜像。

雍正元年（公元1723年），蒙古和硕特部罗卜藏丹津在青海发动叛乱，战事波及中甸。雍正二年（公元1724年），清军进驻中甸，中甸番夷头目率众投降，此后中甸正式划归云南省管辖，建厅设治，改土归流。同年，清廷下旨将该寺改名为"归化寺"。

乾隆年间，噶丹松赞林的僧众猛增到上千人。云贵总督庆复上奏，称针对中甸各寺"议将现在喇嘛酌留400名给与度牒，余令还俗，并请裁减青稞口粮"，以便削弱中甸的僧众势力，加强流官的力量。但清廷经过讨论认为，在藏区实行改土归流不宜冒进，应延续元朝的"以其俗而柔其人"，在云南藏区实行"土流并存"，并继续康熙帝积极扶持格鲁派（即黄教）的传统。乾隆帝乃以信黄教"所以顺人情，安国俗也"，采纳部议"中甸地方居民俱系番地唐古忒族类，以供佛崇僧为务，不便将喇嘛无故逼勒还俗"，将松赞林的喇嘛数额定为 1 226 人，并于 1740 年降旨，除了不裁减松赞林等寺的喇嘛，保证松赞林原来享有皇粮数不变之外，此外每年额外"著加赏青稞三百石，即于岁征中甸额数内支给"。这促使云南藏区的土司、流官同宗教力量结成了"政教联盟"，共同维护地方稳定。乾隆十五年（公元1750 年），御赐该寺和硕果亲王允礼书写的匾额，上书"慈云广覆"4 个大字。

八大康参统领的政教合一体制

松赞林设有八大康参，管理中甸八大教区，同时还拥有大量田地、山林、牧场、牲畜、武器以及雄厚资本。取代昔日的土司，松赞林寺在清代中后期掌管着这一区域全部的经济政治和宗教大权。到了清末，这里的僧人已经有两千多人。而到 1937 年，整个中甸藏区的人口也不过 8 250 人。[1] 经过 1957 年的民主改革后，松赞林寺留寺僧众约 300 人，占全寺僧人的 37%，而目前人数又增加至上千人。

要供养如此众多的僧人，对本来就人口稀少的香格里拉区域来说，是一项不可能完成的任务，所以寺院就必须参与经商。鼎盛时期的松赞林寺，拥有上千匹马、几十只马帮，许多活佛拥有上百万资产。而他们最主要贩卖的物资就是茶叶。今天在松赞林寺，导游经常对游客"抖包袱"的秘闻也与此有关。

在北京的中国人民革命军事博物馆里，留有贺龙手书的一方锦幛，上云"兴盛番族"，锦幛右端竖书"中甸归化寺存"。这背后是一段红军与寺院交往的佳话，如今经常被导游用来猛夸松赞林寺富有的证据："寺院两天就交了 20 万斤粮食，这养活了整支贺龙部队啊，如

---

〔1〕 参见段绶滋纂修：《中甸县志稿》卷上《民族种类及人口》，民国二十八年。

果没有松赞林寺，大家想想会怎么样？"

1936 年支援红军的历史细节

顺着导游的提示，我们可以回顾一下那段历史。

1936 年，红二、红六军团在贺龙、任弼时等的率领下进行长征，期间他们跨过金沙江，进入中甸区域。此时部队已是人疲马乏、缺钱少粮，当贺龙得知松赞林寺有大量粮食时，如获至宝，马上展开联系工作，寺院也派出代表夏那古瓦与贺龙谈判。之后贺龙委托夏那古瓦给松赞林寺八大康参带去了一封信：

掌教八大老僧台鉴：

一、贵代表前来，不胜欣幸。

二、红军允许人民宗教信仰自由，因此对贵喇嘛寺所有僧侣生命财产绝不加以侵犯，并负责保护。

三、你们须即回寺，照安生业，并要所有民众一概回家，切不可轻信谣言，自造恐慌。

四、本军粮秣，请帮助操办，决照价支付。

五、请即派代表前来接洽。

贺龙

一九三六年四月二十九日[1]

第二天，夏那古瓦等 8 名代表再次受噶丹松赞林寺的委派，牵着 16 头牦牛，驮着青稞、酥油、糌粑，手捧洁白的哈达，来到红军指挥

---

[1] 转引自白乔正：《贺龙与噶丹松赞林寺》，载《湘潮》2006 年第 4 期。

1953 年，手持贺龙委任状的夏那古瓦留影纪念。原照片现存云南省档案馆。

部慰问红军指战员，并告知红军：噶丹松赞林寺答应打开粮仓，出售一部分粮食给红军，并邀请贺龙等将领莅临噶丹松赞林寺观光。贺龙后来发给了夏那古瓦一张中华苏维埃人民共和国中央军事委员会湘鄂川黔分会的委任状：

> 兹委任夏那古瓦同志为中甸城厢附近乡庄安抚和招待，全体军民并与本军全体红色军人对夏那古瓦同志应加以保护和帮助，不得稍事非难为至要。
>
> 此令
>
> 主席贺龙

红军离开噶丹松赞林寺时，寺院送了他们茶叶 2 驮、猪肉 3 驮、红糖 2 驮、盐 1 驮，并派出数名骑兵陪送。不过，对于红军当初到底从松赞林寺买走多少粮食，数据上一直有争论，有的说是 6 万斤，有的说是 10 万斤。

导游的话飘荡在扎仓大殿，"茶钱支援了红军的北上抗日，在关键时刻，养活了一支对新中国来说尤其重要的部队。"

红军对松赞林寺的粮食确实感念于心，松赞林寺主持松谋活佛1954 年当选为首届全国人大代表，1957 年当选为迪庆藏族自治州第一任州长。

三、要深入茶马古道，先了解松赞林寺

甲巴龙活佛安排了松赞林寺的一位管茶叶的扎玛僧人，带我们参观茶房。茶房在储物室二楼，一楼堆满了烧炭，二楼有成堆的茶叶摆

放在一起。管事喇嘛说，再过 3 个月，他的钥匙就要交到其他人手上。一年换一次，是寺院的规矩，钥匙涉及僧人的年度福利，每年这里的茶都会被分配殆尽。

"岁赐银粮与布茶"

现在茶叶虽然易得，每个僧人都可以买到自己喜欢的茶叶，但大家对茶叶还是有所期待，因为布茶已经成为一种特定的待遇和荣誉，有点像世俗社会发年终奖一样。清人吴自修有一首题为《中甸城》的诗，其文曰：

> 城上嵯峨归化寺，盈千僧众静不哗。
> 奉香敬展藏经诵，赛会频将羯鼓挝。
> 雾起尘凡人尽赏，声回霄汉月长华。
> 清修习气邀天赏，岁赐银粮与布茶。

从明代开始，格鲁派在藏区占据主流，熬茶布施成为一件大事。现在虽有七十多年没有举办过大型的熬茶布施活动，但我们采访过的几位活佛都说，那些由政府主导的布施活动都转为寺院自主来完成。

每天都有许多人来松赞林寺观摩、朝拜，这带活了周边旅游经济的发展。我们住在松赞绿谷酒店，每天的消费过千元，但每次都要提前预约。也许正如我们一位朋友所言，因为在这里，每个房间都可以看到金碧辉煌的松赞林寺，也更靠近佛。

历史上的松赞林寺，也许远比今天繁华，热闹。因为僧人众多，衣食又皆需外界供给，看到消费需求的丽江人、鹤庆人先后来到寺院周边，搭棚建帐，售卖烟、酒、茶、豆腐、米线等，在寺庙附近逐渐形成了一个小商贸中心，马店最多的时候有三十多家。[1]

外来的商人打喇嘛的主意，喇嘛也在打他们的主意。在藏传佛教里，喇嘛是可以经商的。一个家庭有人去当喇嘛，是一件很荣耀的事情，但喇嘛要想更上一步进阶，就需要大量的经费，这并非普通家庭所能够承担。在松赞林寺，出家的喇嘛费用还需要自己家庭开支，每一次游学、升阶都是额外的支出。绒巴扎西在《云南藏区的寺院经济》里说，"解放前尼西乡形多自然村僧人滔光出任绒巴康参格干时，请僧俗各界上千人，支出大米 250 斗，肥猪 6 头，菜油 13 驮，面粉230 斗，酥油 700 多饼"。[2]

组织严密的寺院管理体系

我们稍微了解下松赞林寺的组织结构。在松赞林寺，所有的资产都归属扎仓和八大康参所有。松赞林寺有"扎仓""吉康""主康"3座大殿，扎仓大殿位于全寺的中心和最高点，是众僧学习经典、修研教义，信教群众朝拜，广大游客观光的重要场所。

僧院在藏语叫"扎仓"，一般来说，在藏传佛教里，1 个寺院只有 1 个扎仓，如有多个，也是主寺与分寺的关系。扎仓下分拉章、觉厦、西苏 3 个机构。拉西会议是扎仓的最高组织，由全寺的活佛、堪布、格西等高僧组成，专管寺院的教规教义、寺院的重大建设等。

觉厦机构，要负责大寺院日常每月三朝众僧的酥油茶斋饭等，西苏机构专管寺庙节日供品及费用，这些管事喇嘛都有 3 到 6 年不等的任期。其他专人专管的还有如薄思（公积金）、吹则古哇（管理寺内

---

〔1〕 参见宋恩常：《迪庆藏族封建制度调查》，载《云南少数民族社会历史调查资料汇编》（一），云南人民出版社 1986 年版。

〔2〕 绒巴扎西：《云南藏区的寺院经济》，载《迪庆方志》1992 年第 2 期。

装饰）、耐念（粮管）、规格（铁棒喇嘛）、扎玛（茶管）等，均为 1
年 1 任的管事，带我们参观茶房的就是 1 位扎玛。

松赞林寺另一个主体是康参。"康参"是僧团的藏语发音，按僧
侣籍贯或来源地的地域划分，将大寺僧侣划分为若干团体，形成按教
区划分的区域性组织。

康参由老僧主持，下设念哇、格干等办事人员，相对独立地管理
教区的行政、宗教、经济事务。松赞林寺的八大康参为：独克康参、
扎雅康参、东旺康参、绒巴康参、洋朵康参、结底康参、卓康参、乡
城康参。前 6 个康参代表了香格里拉地区区域内村落形成的教区区域
组织，卓康参则为江边地区（今上江、金江、三坝、洛吉）等地的纳
西族僧侣组织，而乡城康参是指香格里拉与四川省的乡城和得荣两县
僧侣的康参。

松赞林寺到底多有钱？

周智生考察了松赞林寺寺产经营结构后得出一个结论，喇嘛经商
其实是履行他们的职责。"这些僧职人员任期从 1 年到 3 年不等，在
任期内都可以利用掌握的寺产进行商业经营和放高利贷，到期交回垫
本，交给属寺额定的酥油，负责僧众一定时间的伙食，一般是 10 至
21 天不等，以及寺里一些宗教佛事活动开支外，盈余都归自己。"[1]

喇嘛商人将在拉萨收购的卡机布、手表、香烟、毛毯等经印度进
口而来的各种洋货，或在中甸销售，或转口丽江，只有少部分的喇嘛
商人才会继续南下至下关一带经营。他们再从丽江或在本地市场购进

---

〔1〕 周智生：《商人与近代中国西南边疆社会——以滇西北为中心》，云南人民出
版社、云南大学出版社 2011 年版。

茶叶、粉丝、火腿、红糖、铜器等藏民所需的各种生活物资，长途贩运进入西藏，有的还曾经沿拉萨一直南下至印度直接办货。喇嘛商人们经商的利润是丰厚的，一顶藏帽在中甸卖20元（半开），而在拉萨只要六七元（半开）；在中甸仅值0.5元（半开）的圆茶，在拉萨至少可卖4元（半开）。即使丽江和中甸之间的短途贸易，赚头仍然不少。来回买卖一次茶、糖、酥油、羊毛等货物，可从中赚取约20%的利润（包括运费、马脚费在内）。

松赞林寺到底有多少钱呢？周智生在《商人与近代中国西南边疆社会》里梳理总结了1组数据：到1950年前后，该寺已掌握着10万斗青稞，96万元资金（半开），2 300多匹从事经商用的骡马。年收取高利贷利息125 382元（半开），粮食4 654.8石，仅粮食就为全县粮食产量的1/4。除归化寺自己滋生了三十多个财务集团外，其左侧之白腊谷还曾集中了大堆店三十余所，一些寺僧们专门从事将归化寺货物批发给丽江、鹤庆等地商人，使近代归化寺一带成为一个"巨商堡垒"，一个滇藏贸易的中转站和商贸集散地。

归化寺在自身经济实力不断壮大的同时，也孕育出了一大批实力雄厚的喇嘛私商。1954年，归化寺经商喇嘛有100户，其中进藏经商的73户，资金总额270万元（半开）；资本在40—50万元（半开）的1户，11—20万元（半开）的7户，6—10万元（半开）的10户，其他户有1.5—6万元（半开）。

民国年间的女特使刘曼卿，受蒋介石委托入藏，她的《康藏轺征》描写了松赞林寺与中甸地方政府关系以及寺院的武装实力，读来可以有更为直观的感受：

每喇嘛旧由朝廷发给口粮，由地方粮赋拨付。民国以来，康、藏各寺，喇嘛口粮大半停止，独中甸归化寺至今仍发如故。中甸县府每年粮赋收入，除去喇嘛口粮，则所余无几。且政府对于地方行政，都无实权过问，民刑事件不取决于千把总，则听命于喇嘛寺，谓其喇嘛寺之征收所，不为过也。寺内分八大"康村"。康村者，寺内喇嘛因区域而分居之生活区也。内有一区，为西康乡城所送来寺者，遂名之曰乡城康村。各康村之上，尚有统属机关，内分为教务、财务、执法各部，秩序井然，俨如一小社会。

寺内有枪八九百枝，编有喇嘛马队，由寺中足智多谋之喇嘛统率之，纪律森严，实力雄厚。不但全县赖以保障，即中甸县府亦以投其腋下得存在。数年以来中甸未遭匪劫，该寺保护之力为多。[1]

要了解茶马古道，先了解松赞林寺

1990 年 7 月，一群年轻人来到松赞林寺考察。他们走到喇嘛的僧舍，与他们交谈，喝着酥油茶，了解茶马古道与寺院的关系，之后兴奋地在寺院前合影。"要了解云南藏文化的精髓，就要到归化寺——云南藏区第一寺"，从这里出发，一个对日后影响甚大的学术概念影响了整个世界——也就是我们今天耳熟能详的"茶马古道"。

茶马古道考察队员最先到的庙就是归化寺，他们认为：

---

〔1〕 刘曼卿：《康藏轺征》，商务印书馆 1934 年版。

松赞林寺始建于康熙二十二年（公元 1683 年），雍正年间改名为归化寺。
其后来逐渐发展成为僧众上千人、组织严密且自成体系的政教合一体制，
堪称云南藏区第一寺。

进入滇西北藏区，一路跋涉，在浓浓的酥油茶味中，我们意识到，这是一个拥有独特民族文化、风俗习惯以及具备最充实人文景观的特殊区域。在这块"茶马古道"必经及进行茶马交易的藏族聚居地，我们发现了藏文化同内地文化的相似性以及汉藏文化自身的特异性。藏民族的文化、语言、宗教紧密结合，面对如此色彩斑斓的土地，考察从何入手？大家自然看中了云南藏文化的积淀地——归化寺，即噶丹松赞林寺。[1]

高山、峡谷、草原、河流、湖泊，点点绝妙；酥油、糌粑、青稞、藏狗、牦牛、虫草、贝母、麝香，自有境界。

1980年代末，云南大学中文系教师木霁弘和他的大学同学徐涌涛等人在中甸地区做方言调查时，在一个抗日战争时到过印度的马锅头的带领下，探访到中甸的金沙江附近有一条通往西藏的马帮走过的石路，石路上当时还残留着十多个寸许的马蹄印。虽然此时几位年轻人最初的动机是做方言调查，但当他们将这条古道和铁索桥、藏族的饮茶习俗、藏传佛教与茶等因素联系起来后，却有了一个极为有意义的发现，并由此孕育出"茶马古道"这一概念。

1990年7月至9月，在木霁弘的倡导下，陈保亚、李旭、徐涌涛和王晓松、李林等青年学者（此即后来所谓"茶马古道六君子"）决定对滇川藏大三角做一次文化田野考察。他们徒步从金沙江虎跳峡开始北上，途径中甸、德钦、碧土、左贡至西藏昌都，返程又从左贡东行，经芒康、巴塘、理塘、新都桥至康都，接着又从理塘南下乡城返

---

〔1〕 木霁弘、陈保亚等：《滇藏川大三角文化探秘》，云南大学出版社2003年版。

回中甸，在云南、西藏、四川交界处这一个多民族、多文化交汇的"大三角"处，步行一百多天，进行了一次"史无前例"的田野考察。

考察所得的学术成果获得云南大学中文系系主任张文勋的首肯，六人联名的文章《"茶马古道"文化论》其后被收录在张文勋主编的《文化·历史·民俗——中国西南边疆民族文化论集》（该书编辑时间是 1991 年，出版时间为 1993 年）中，这是"茶马古道"这一概念首次公开出现。其后，时为云南大学中文系教师的陈保亚在《思想战线》1992 年第 1 期发表了《茶马古道的历史地位》；差不多同期，忠实记录此次考察经历和研究成果的《滇藏川"大三角"文化探秘》一书由云南大学出版社出版。

在这本书中，"六君子"以他们的所见所闻，将沿途两千多公里的种种神奇与独特的文化以生动翔实的笔墨描述出来。最主要的是，"六君子"在紧紧抓住滇、藏、川这个多民族、多文化交汇之地的历史和文化特征后，根据曾经活跃在这一带的"马帮"的足迹，重申了"茶马古道"这一概念。

当时，无论在史学界、民族学界，抑或是考古学界、民俗学界、藏学界，"茶马古道"这一概念都是首次出现并得到系统的论述。尤为值得一提的是，作者在对中国对外交流的 5 条线路作了明确划分的基础上，将他们亲自考察的滇、藏、川"茶马古道"与大众之前熟知的"南方丝绸之路"作了明确的区分。自此，"茶马古道"成为研究中国西部交通贸易重要的切入点，为滇川藏后续的研究者提供了新的思路。四川学者刘弘发现，也是从这个时候起，对于中国西南区域，以"茶马古道"为主体的研究，全面超过了以"丝绸之路"为主体的研究。"茶马古道"概念在产生后的前 10 年里影响并不大，只是在小范围的学者圈作为学术概念流传，并没有引起大众的关注。此时"茶

1990 年 7 月至 9 月，在木霁弘倡导下，木霁弘、陈保亚、李旭、徐涌涛、王晓松、李林等青年学者，徒步考察了滇川藏大三角。他们据此联名撰写的《"茶马古道"文化论》首次提出"茶马古道"这一概念。图为六君子当年考察留影。木霁弘供图。

马古道"概念并未被大多数学者接受，或仅仅被部分学者视为"南方丝绸之路"的一条支线，也就是从云南西北通往西藏地区的通道。

2000年后，随着影视、互联网等大众媒介的介入，加上茶马古道上的重要物资——普洱茶的热销，尤其是旅游业以"茶马古道"为主题的旅游产品的推出，使得它逐渐深入千家万户，并最终成为云南乃至中国西南地区的一个符号资源。"茶马古道"概念升温的过程，从某种程度上看，也是"茶马古道"逐步由抽象的概念具体化为覆盖西南地区的交通网络，并最终变为一个文化符号的过程。

四、雨崩村：让时间与生活慢下来

在雪域高原行走，眼前身后，看到的是纯净的白、纯净的蓝，以及虔诚。在每一个夜晚、清晨，我们问候气候，问候路况，问候车子，问候马匹，问候住宿，问候位置，问候自己的双腿，问候茶的温烫，为的只是完成一趟心灵之旅。

最后的"世外桃源"

在我们抵达被外界称为最后一个世外桃源的雨崩村时，再次领略了茶散发出的神奇。引导我们进入这个神奇世界的人，叫阿那主。雨崩村党支书阿那主是当地的风云人物，第一个用手机的人，用起了第一台小水轮发电机、第一台电视、第一个太阳能热水器、第一台拖拉机。阿那主每拿1个"第一"，都意味着雨崩朝着现代化迈近了一步。他在央视、云南卫视等媒体上口若悬河，他出现在不同游记中，他还是当年中日登山队攀登梅里雪山的亲历者。更重要的是，他口才极佳，有着精明的头脑，他与各界名人保持着良好的关系，他开了雨崩村第一个客栈徒步者之家——里面设有"豪华"的单间。当然，对那些好奇的游客来说，他还与弟弟娶了同一个老婆，这是游客口中不可或缺的谈资。

在阿那主身上，现代生活与传统生活的元素并存。于是，我们的问题是："你认为现代化改变了你没有？"

他摇着头，很肯定地说没有。

他只是利用或享受了现代化的成果而已，这点与大家没有任何区别，但其爱好没有什么改变。他解释说：用手机，只是方便与外界联系；用太阳能热水器，除了方便顾客，还为当地节省大量的木材；用拖拉机，则解放了许多人力畜力。电视？他看到别人的生活在那里上演，而终于有一天，他也看到了雨崩人的生活在那里上演。

因为这样，阿那主才发现了什么是雨崩最大的价值。他曾经想过，从西当打一条隧道直接通往雨崩，他甚至精确地给出了直线距离："4公里！一出来就可以看到梅里雪山，哇，就像看电影一样。"但后来他又放弃了这个想法，他担心雨崩从此与别处再无差别。差别才是雨崩存在的价值，就像他们的生活。

车与骡子，比较的是脚力与速度，是雨崩让时间慢下来，也让生活慢下来。"只有在比较中，我们才知道要坚守什么。"在他开的徒步者之家客栈，我们喝着大益袋泡茶，围炉夜话。

茶、哈达和酒：分享的快乐

即便是有那么多人，那么多新东西蜂拥而至，但雨崩人生活中最重要的东西，还是茶（下关沱茶）、哈达、美酒（青稞酒），"这不只是就对雨崩来说，对我们整个藏族来说，都是比较宝贝的三样东西。像雨崩这样物资不易抵达的地方，它们尤其显得珍贵"。

他解释说："要是你送这里人一个东西，比如说手机，他开始可能会觉得新鲜，但日子久了，也不会当一回事，可能他会发现一个更好使的手机，就把你送的那个换掉了。但拿着这三样（茶、哈达和酒），随便到雨崩一家，主人看到了，都会微微一笑。知道你来干嘛了。来提亲哪，不然哪会带全这三宝？要是有口舌之争，随便挑一样去，也就算是和解了。看上哪家的地基，送点下关茶去。茶代表着一种最高的诚意，你们懂不？用茶来开口，用茶来缓和，用茶来表达真诚，这就是我对茶的理解。"

他还会唱一些歌："今晚姑娘嫁出去，鸡一叫就煮茶……"

我们会有一些困惑，手机这样的东西也能联络情感。但阿那主说，"不一样。手机比较私人，我腰包一装，别人是找我，不是找你。但茶酒就不一样了，你们来家，可以喝你们带来的茶，也可以喝我家里的茶，还可以喝我家的青稞美酒。"这是一种分享的快乐，可以感染人，而且在每个屋子里氛围都不一样。我们刚刚在餐厅与一群藏民饮完酒，一起跳锅庄舞，即便是其中好几个人不会讲汉话，我们也不懂藏语，但快乐有其共性。

阿那主还告诉我们，他的父亲、爷爷甚至更上一辈都赶过马，在他家四壁，挂着火药枪、豹皮以及各种式样的铜炉，"现在不准打猎了，但猎枪是老一辈留下来的，铜壶是我的爱好，有上百把，都是人背马驮带来雨崩的。以前他们赶马人要去大理运货，再下西藏，现在交通好了。我听说，全世界像我们雨崩这样，到现在都不通路的地方也不多了"。后来我们得知，他因为把村民当做老熊开枪，还进过监狱。

在梅里雪山脚下谈雪山，一切是那么近。阿那主说："明年是羊年，梅里雪山属羊，估计会有四五万人来。上一个羊年，至少来了4

万人。"他为我们预留的房间，开窗就可以看到卡瓦格博。

梅里雪山主峰卡瓦格博在藏民心中是一座圣山，藏语中称为"绒赞卡瓦格博"，是藏区八大神山之首。

相传卡瓦格博曾是当地一座无恶不作的妖山，密宗祖师莲花生大师历经八大劫难，驱除各般苦痛，最终收服了卡瓦格博山神。从此它受居士戒，改邪归正，皈依佛门，做了千佛之子格萨尔麾下一员剽悍的神将，也成了千佛之子岭尕制敌宝珠雄狮大王格萨尔的守护神，成为胜乐宝轮圣山极乐世界的象征，多、康、岭（青海、甘肃、西藏及川滇藏区）众生绕匝朝拜的胜地。

阿那主现在还管理着上下雨崩上百匹马，算继承了祖业。雨崩村外出的马匹都由他来调度，使用马匹都要提前预约。有游客不遵守规矩，被他呵斥："规矩乱不得，先订的先走，最多等个半小时，就会有人送。"

班禅沱茶的故事

阿那主说，他们喝茶不会像我们这样浪费。先泡一道，没有味道了就放到壶里去煮，煮完了再晒，晒干了接着煮。他接到的最珍贵的礼物，就是一个"有尾巴"的沱茶，"班禅都在喝，了不起啊"。

像心脏的蘑菇沱茶，因为有一个可捏的柄，外形让人印象深刻，又因为与班禅之间的故事，而成为藏区茶饮的高级货。

班禅沱茶，是云南紧压茶的一个变种，并非常规产品，但有着悠久的销藏历史，清代至今，云南西双版纳的车、佛、南有较多生产。[1] 藏民向喇嘛敬献哈达，可同时献上 4 个心脏形紧茶。紧茶带

---

〔1〕 参见邹家驹：《漫话普洱茶》，云南民族出版社 2004 年版。

把，献哈达时才可以一只手握两个。

在藏区，班禅沱茶是一个出现频率很高的品种。这段历史，其实经过著名茶人邹家驹的讲述，茶界许多人都有所了解，只是因为在藏区，所以带有诸多神秘的色彩。

1940 年代，藏商到云南收购紧茶，1 元 1 个，贩到藏区贩卖的价格是 4 元 1 个。下关离藏区较近，在地理位置上有优势，所以紧茶的生产重心慢慢移到下关。1941 年，蒙藏委员会派代表格桑泽仁同云南洽商，各出资 15 万元成立康藏茶厂，周东白为首任厂长，生产专供西藏（藏区）的"宝焰牌"心脏形紧茶。新中国成立以后，省公司指定下关茶厂为"心脏形"紧茶唯一的生产厂家。

1951 年 12 月，"中茶牌"商标在北京注册，中茶公司通知全国国营茶厂使用统一商标。紧茶换商标，藏区却不接受。1953 年，云南省公司通知云南下关茶厂紧急调运 54 吨"宝焰牌"紧茶到云南畹町，经缅甸、印度转运西藏。"宝焰牌"商标由红、黄、黑 3 色和 3 个部分组成：（1）香炉采用宝鼎黑边，黄色或金黄色金鼎。（2）炉内 4 个桃形图像系元宝，象征贡茶。（3）炉中火焰象征佛光，故为红色。金鼎中元宝的熊熊烈火燃烧正旺，象征着佛光普照，吉祥如意。1966 年 12 月，文化大革命中有人批评"宝焰牌"商标带有封建主义色彩。迫于形势，云南省公司下文同意将"宝焰牌"改为"团结牌"。后来因为多次政治运动，云南紧茶淡出西藏市场。

心脏形紧压茶再次生产，得益于十世班禅额尔德尼·确吉坚赞的推动。1986 年 10 月 20 日，他视察云南下关茶厂（康藏茶厂改制后到现在的称谓）时指出：仍有部分藏族人民喜欢原有带把的心脏形紧茶，希望恢复和生产，以资供应。

为迎接班禅大师的到来，云南下关茶厂选用云南上等原料精心制作 100 斤礼茶送班禅大师和同来的客人。班禅额尔德尼是藏传佛教中最高的活佛之一，被称为无量光佛的化身。这批经过大师点化重新生产的礼茶，后人亦称之为"班禅紧茶"。视察期间，大师订购了 700件传统原料配方制作的"宝焰牌"心脏形紧茶，由云南下关茶厂加工后运交青海省政协收。自此，云南下关茶厂恢复生产"宝焰牌"心脏形紧茶。

我们在藏区考察期间，经常会听到有关这款茶的种种传说；而在内地市场，也经常会遇到从藏区回流的、更加离奇的传说。在一个依靠传说带动销售的语境下，赝品自然也是满天飞。这是一个充满怀疑的时代，我们总是怀疑我们当下的处境。这很难用好与不好去衡量，只是雨崩为我提供了一个很好的反省机会。

你的水 15 元卖给我，我收

雨崩 2013 年才通电。在我们随机采访的当地人中，很少有人把这当做重大事件，他们还是习惯用柴火来做饭，还是习惯早睡早起。"家里买的电视都是给小孩和游客看，我们不爱看。"

雨崩位于梅里雪山下面，在藏语里是"取钥匙的地方"，只有到了这里，才能取到转世的钥匙。当然，这里还有神瀑，每一年都会有许多人来朝拜。我们一路上都遇到了来自西藏、青海的藏民，他们随身背着棉絮，带着茶叶以及其他日用品，走了 1 个月来到雨崩。

我们从西当村骑马到 3 700 米的垭口，需要约 4 个小时，而从垭口到上雨崩村，徒步大约 2 个小时，全程徒步的话，需要约 8 个小时，这才走了 18 公里路。去的路上有 3 个休息点，每个休息点都冠以茶馆之名，出售一些饮料以及饮食。15 元 1 桶的方便面是许多人最佳的选择，这里的方便面桶堆码起富有特色的方便面墙，游客开玩笑说，应

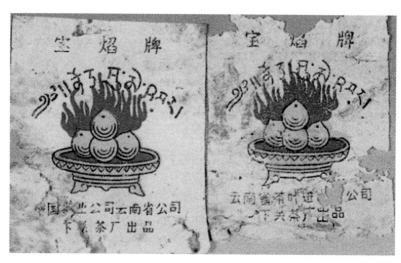

1986年，下关茶厂为迎接十世班禅，制作了100斤心脏形紧茶。视察期间，班禅大师又订购了700件该种紧茶。自此，"宝焰牌"心脏形紧茶恢复生产。图为1986年生产的班禅沱茶内飞。

该让康师傅或统一来赞助。而酥油茶，5 元 1 碗，是补充体力的好饮料。

思蓝都吉一个人守在 3 700 米的垭口休息站，每天要卖 10 壶左右酥油茶，四五十盒方便面。"旺季的时候，能卖掉一百来盒，15 元 1 瓶水，15 元 1 碗面有人觉得贵，你们自己说说？你包里的水 15 元卖给我，我收。"他有些狡黠地看着我们。我回应说给多少钱都不卖，走一趟才知道多背 1 公斤是如何不易。我们背着水进去，又背着神瀑的水出来。还有 1 斤从雪山下捡到的石头。

上山前，每个包都要根据不同重量额外收费，从 15 到 200 元不等，假如超过了 40 公斤，那收费就等同于单个人的价格，约 200 元。要是你的体重超过 80 公斤，对不起，你需要付双倍的价格，因为必须有两匹马换乘才能登顶。若是你体重超过 90 公斤，所有人都会建议——自己爬上去吧。

在休息站，大家拿着游客给的钱分账，一天下来，每个人都有四五百元入账。西当乡有七十多户人家，每家有 2 到 4 匹马，采取的是轮值制度，淡季的时候，并非每一户人家都有出勤的机会。为我们赶马的西卓，1 年家里有七八万元的收入，供两个孩子上学。

宣传也要与时俱进

他的妹妹曲珍在雨崩开了一个叫"如家"的客栈，此次与我们同行，一路都在询问大家有无预定客栈。雨崩几乎家家户户都开着客栈，在淡季，竞争有些激烈，为此他们用上了微信和微博！

西卓嫌弃自己的手机不好刷微博，一直暗示我他看上了我的手机，并许诺我他会用一些冬虫夏草来交换。他也告诉我们，一直都有游客与他进行这种交换。曲珍则说，她的手机是客人帮她从淘宝上网购的。

现在是一个地球村，到雨崩感受则更深。一路上，我们加了七八个当地人的微信。他们也告诉我们，晚上 9 点到早上 9 点这段时间，手机没有信号，要等天亮，太阳出来了才能联系。

每一家客栈卖点不一样，甚至是同一家客栈也有不同阶段的发展。

阿那主的徒步者之家，在雨崩拥有"唯一"头衔的时候，根本不用招徕游客，多的时候连过道上和门外都睡满人。后来他主打的是"有热水，可以洗澡"，现在又变成了"有标间，有独立卫生间"和"观看雪山最好的位置"。有人选择在徒步者之家住宿，还因为这里有独立的餐厅，出门到餐厅门口叮嘱店主拉姆炖一只土鸡，晚上回来的时候刚好可以下酒。要是赶在吃饭时才点，她会很恼火："这里是高原，时间短了煮不熟，最后还怪我手艺不好。"不过，现在好几家客栈连足底按摩都有了，消除疲劳与享乐主义一直联袂前行。

雨崩的发展，七八年时间里高度浓缩了生态旅游业发展的全部精华。在我们所住那些顶级精品酒店里，宣传的策略不都这样么？美景、干净的空气，优质的服务……而酒店所营造的氛围，都是为了旅客能回到自然，放松心情。

第五章

青海：茶叶贸易缔造的种种奇迹

在这里，茶叶所缔造的奇迹俯首可拾。茶从茶马古道进入到千家万户，滋润着广大民众日常的饮食、交往、生计以及深藏于内心的信仰，渗透到炕上、集市、茶馆、书房以及佛堂的每个角落。

一、古道遗珠：丹噶尔的缓慢生长

2013年3月下旬，南方的明前茶已经上市，春天的气息荡漾在唇边，而青海湖水依旧冰凉。我们从昆明出发到西宁，需要带上的除了新茶，还有加厚的冲锋衣。从地理位置上看，自中国的西南角直线飞往西北角，不过两个小时的旅程；但在历史与人类学家的解释里，青海的氐羌族群南迁至云南，前后花费了数百年的漫长时间。

在云南连续4年干旱的情况下，探访中国大江大河的源头之地，也有着别样的意义。我们真的希望，茶水能泡出一个温润的世界。

刚到青海的第一天下午，青海民族大学的唐仲山教授为我们安排了一个与茶有关的座谈会，"周重林讲茶马古道与民族、地域、国家的关系"，与会者约50人，有在校师生，还有当地开茶庄的老板以及媒体人。大家喝着普洱茶，说着与茶有关的历史与现实。交流的内容总结下来就是：茶与我们的生活息息相关，产茶区与消费区正在茶杯里逐渐混同为一体。

之后，我们相继去考察了湟源的丹噶尔、青海湖、塔尔寺和哈拉库图尔城。

1975 年，霉茶的故事

选择第一站前往湟源的丹噶尔古城，因为地理位置上隔得近，也和我们对茶叶的认识有关。三十多年前，以景谷边茶入湟源为题材，邹家驹写过《霉茶故事》，说的是一段普洱茶认知上的往事。

1979 年 5 月，景谷茶厂生产的 901 批和 905 批边销紧茶[1]，在由昆明发往青海湟源车站中转西藏的途中，离奇失踪了。这是景谷茶厂的产品由圆茶变方茶后的第一批"生砖"。滇茶入藏是 1949 年后中央政府高度重视的边茶项目，从 1953 至 1956 年有两万余担滇茶经过丽江、德钦、畹町、缅甸、印度入藏，或经昆明、泸县、成都入藏。

铁路开通后，从 1957 年起云南销藏茶即改由国内公路和铁路联运至甘肃武威车站交货，到 1960 年共安全调运西藏紧茶 8.53 万担。1967 年以来，云南调运西藏的茶叶任务，由年供 1.96 万担猛增到 1973 年的 3.85 万担。1979 年青藏铁路西宁至湟源段已开通，于是滇茶开始走兰州转青藏铁路的湟源站交货。但因为到达目的地有成昆线和贵昆线两条，发货人没弄清具体线路，于是上演了茶叶失踪的事件。

几个月后，茶叶找到了，但同时也出了问题：抵达青海的这批砖

---

〔1〕 批次，是以年份划分的出货次数。比如 1979 年第 1 批茶，就记成 901，2013 年第 1 批就记成 301。

茶不知为何长了黄色的霉斑。西藏茶界认为这是废品,要求退货,而云南茶界也如热锅上的蚂蚁,一筹莫展。之前,滇茶就因掺入大量野生茶,导致藏民饮后出现头晕腹痛等症状,已经被藏民抵制过。现在又来了霉茶事件,加之刚刚粉碎"四人帮",上纲上线的思维还广泛存在,茶叶问题很容易上升到政治问题。景谷茶厂厂长做好了坐牢的准备。

但云南省茶叶公司并没有闲着,他们奔赴青海、成都、北京,危机公关的同时也寻找霉变的原因,甚至专门请教了茶界泰斗吴觉农先生。尽管有北京实验室证明发霉的茶没有问题,但西藏方面还是不买账。峰回路转,刚好有香港茶商到云南收茶,指定要云南发酵过的陈茶,他们喝了这批霉茶后,认为正是他们需要的口味。于是这一百多吨发了霉的"废茶"变成了宝贝,贬义的"发霉"也变成了褒义的"陈化"或"发酵"。一百多吨"霉茶"的经历,也揭开了当年一段鲜为人知的历史。

邹家驹先生评价说:"一百来吨901普洱散茶,在周游中国西部地区,经历3年多是是非非和继续发酵修炼升华后,终于来到认识和欢迎它的地方,终于找到了它的最佳归属。这批茶,汤色透亮、滋味醇和、不苦不涩,是云南历年销港普洱茶品质最好的一批,到港后立刻被抢购一空,成为香港茶叶界的美谈。"

但普洱茶到底为何会在湟源发霉,原因始终没有找到。在普洱茶界流行讲仓储的今天,历史为我们提供了一个普洱茶湟源仓的往事。在与西宁的茶客交谈中,当地人说得最多的是:"我们这是西宁仓,你们尝尝看,与港仓有何区别?"

在西宁,茶店如今四处可见,福建茶、湖南茶、云南茶、浙江茶都开有专门的店铺,曾经的茶马司管理机构成为历史。为我们做向导的王云浩，之前做饮料市场，卖过牛奶，现在专心事茶，他与唐仲山一样，希望在西宁这个辉煌的茶叶消费地，重新让茶找到属于自己的位置。

令人震惊的古风遗存

从西宁出来，开到湟源不到一小时车程。

在多石少草木的青海，湟源峡谷的绿树成荫是多么难得。唐教授甚至用了"森林"这两个词来形容，这里有原始森林，多么令人欣慰。山上依稀可见的烽火台，诉说着这个"海藏咽喉"之地与众不同的身世，穿过一段没有路灯的幽暗峡谷，我们仿佛走进了历史。

历代政权之间的纠纷，到了湟源便结束了地理上的东西之争，瞬间转为南北之争。历史上，许多大人物从这里穿越而过，成就了令人千古敬仰的事业。文成公主从这里出塞，从此故乡成异乡，她的孤寂与牺牲，换来的是千年来汉藏之间络绎不绝的交往。无数不知名的平民铺设了唐蕃古道的通衢，最终孕育出茶马古道。

我们抵达的时候，正好赶上这里春分前的"田社"，郊外有许多人在亲人坟前烧香祭祀，田野里四处可见袅袅向上的青烟。在青海湟源一带，田社上坟是最隆重的，与内地汉族的清明节祭祖一样，村民们往往举族而出。田社本是汉族节日，在青海，我们多次被存留的古风所震惊。

路上经常会遇到朝拜圣寺（塔尔寺）和圣湖（青海湖）的民众，以女子居多，有些人戴着口罩，手绑木板，身着宽大的藏袍，长头磕下去，丝巾迎风飘舞。

不同的身影在这里重叠，历史在这里交汇。

商业的力量是巨大的

在丹噶尔古城，为我们导游的不再是湟源地方史专家任玉贵，而是一位漂亮的女导游。在她为我们发的宣传册上，丹噶尔古城的历史被高度浓缩为一段话：

> 丹噶尔，即藏语"东科尔"的蒙语音译，意为"白海螺"，地处黄河北岸，西海之滨，湟水源头，距西宁市 40 公里。黄土高原与青藏高原在这里结合，农耕文化与草原文化在这里相交，唐蕃古道与丝绸南路在这里穿越，众多民族在这里集聚，素有"海藏咽喉""茶马商都""小北京"之美称。

2009 年，我们拜访当地学者任玉贵、李国权时，拿到了他们编著的数十万字大著《丹噶尔历史渊薮》，获益匪浅。李国权时任湟源宣传部部长，要全面总结一个地方的特色文化，需要像任玉贵这样的学者花掉数十年的时间，更需要李国权这样的官员花费更多的精力来找切入点。丹噶尔古城重新开放时，东方卫视的视频新闻标题为"青海丹噶尔古城开街，再现昔日茶马古道风貌"，在这个时代，媒体比政府更深谙传播，更懂得如何吸引眼球。

"茶马古道上的古城"似乎更贴近主题，2011 年 4 月 17 日，由湟源县委参与的《藏客》亮相 CCTV 电影频道。藏客，特指那些入藏贸易的其他民族的人民，而非藏族人。最先在云南学术界发起茶马古道研究的"六君子"之一李旭，著有《藏客：茶马古道马帮生涯》一书。随着 2010 年国家文物局在普洱召开"中华遗产普洱论坛"，南北茶马古道的研究再次被连接起来。青海尚无藏客专著，令人遗憾。2013 年 1 月 17 日，青海《西海都市报》刊发过李皓和赵新丽撰写的《最后的藏客》，采访了 86 岁的藏客毛鹏耀，谈到了茶马古道上的运输工具、贸易主体以及路线。

《丹噶尔古城游程路线图》则把古城景点和特色旅游产品巧妙地结合起来，对照提示，顺着导游的声音，沿着新铺的石板路，一路可见茶行、酒家、醋店、客栈、戏园、文庙、学校、博物馆、演艺厅等，交易物品涉及茶叶、酒醋、皮毛、藏刀、玉石、披风、排灯、皮绣、牦牛角、牦牛肉、沙棘汁、酸奶等，市井气息与茶香、书香融合在一起。导游告诉我们，过去比现在更繁华，许多东西只有在这里才买得到，湖南人、山西人、陕西人、甘肃人、四川人、新疆人都来这里经商，这还不算什么，最厉害的是那些俄罗斯人、英国人、美国人，不远千里来到这里歇脚，做茶叶与皮毛生意。

外地人带来了远方的风土特产与文化，山西的陈醋、湖南的砖茶、陕西的秦腔，以及美国人的钞票、英国人的手表、印度人的布料。晚清，经历过九死一生的"湘西王"陈渠珍入丹噶尔境内，沿途听到商人高唱秦声。"慷慨激昂，响彻云霄，即谚所称梆子腔也；余等久闻舌之音，忽听长城之调，不觉心旷神怡。乐能移性，信哉。"进入到丹噶尔，又是另一番情境："沿途皆汉人，有屋宇，贸易耕作。且时见乡塾，闻儿童咿唔读书声，顾而乐之，行两日，至丹噶尔厅，遂择旅店投宿焉。"[1]

在导游的带领下，我们看了一场民族时装秀，听了一场曲艺演唱"湟源花儿"。走的时候，我们买了他们刻录的碟片，10 元 1 张。唱曲

---

[1] 陈渠珍：《艽野尘梦》第 11 章，西藏人民出版社 2009 年版。

的大姐说，他们自制的碟子很受欢迎，来听"花儿"的听众都会买。我们笑着说："名字动听，声音也动听，自然不愁销路。"好的时候，他们一天能卖出上百张。"花儿"是流行于甘肃、青海、宁夏等地的一种山歌，是当地人民创造的口头文学，汉、藏、回、土、蒙古、撒拉、东乡、保安、裕固等民族都会唱。"花儿会"也是湟源的物资交流会，参与者甚多。青海卫视有一个选秀节目叫《花儿朵朵》，灵感即源于此。

唐教授告诉我们，今天这些配套设置，带着学习另一个茶马古道古城—丽江—的影子。因我们是外地人，觉得一切新鲜别致。这好比我们觉得纳西古乐并不怎么样，许多外地人到了丽江却赞不绝口。信息不对称和文化差异都是商业诱因，今天有人批评丽江过于商业化，但这些古城本来就是因为商业发达才繁荣起来，这似乎是一种悖论。从唐到晚清，丹噶尔及其周边区域，获得的长久不衰的名声，不正是从日月山下的茶马互市开始么？

商业的力量是巨大的。

"丹噶尔"与东科尔寺的兴衰

清末杨景升编的《丹噶尔厅志》说，丹噶尔从明末开始，商贾渐集，与蒙番贸易，因此有了世居民族，村落成型。自由贸易的利润，又吸引回族、撒拉族等其他民族的人民到来。一些人本是旅行者，但嗅到商机后也定居下来。说真的，我们也有来这里开个客栈兼卖茶的冲动。道咸之际，迁来这里的回族、撒拉族人口多达千户。当时货物云集，每年进口物资折价达二十多万两，有"小北京"之称。1906 年，输入到此地的茯砖茶有 1 万封，同时，洋布也大量进入这里。

2013 年 3 月，我们在丹噶尔古城听一曲"湟源花儿"。商业力量对丹噶尔古城的影响日益凸显，而这也正是丹噶尔保持长盛不衰的根本原因。

青海民族大学民族与社会学院院长马成俊博士是撒拉族，他说自己祖辈也是从事茶叶贸易的，他记得爷爷之前到四川松潘地区贩卖大路茶。撒拉族人口现在只有十多万，以前更少，但在明代，却拥有两面明廷发放的茶马贸易金牌信符。

松潘是明代四川五大茶马贸易地之一，在当代学者的研究中，从松潘到青海的茶路，被称为"西路"。从松潘出发、经过阿坝的若尔盖到甘南，从临夏、河州、岷县后转输入青海。"大路茶"因此得名，顾名思义，大路茶就是走大路运输的茶，相对大路的小道之茶则被称为"小路茶"。

丹噶尔地处汉藏交汇的咽喉之地，战时是兵家必争的要冲，和平期则是汉藏之间贸易之地。丹噶尔来自藏语"东科尔"的蒙语音译，而"东科尔"这地名来源于"东科尔寺"，这里曾是东科尔寺的旧址。

顺治年间，东科尔寺因为有蒙古部落王公固始汗的支持，寺院规模和政治影响都非常大。东科尔活佛是驻京八大呼图克图之一，地位崇高。不过，东科尔的衰落，也与政治有关。雍正年间，蒙古王公罗卜藏丹津在日月山下集结青海蒙古诸部落反清，失败后东科尔寺也被清王朝摧毁，今天的东科尔寺是后来重建的。经济与政治是左右地方兴衰的两大利器，自古如此。

据《丹噶尔厅志》记载，东科尔寺"土地之广，田租之多，遍丹邑皆是也"。最鼎盛时期，东科尔寺占有土地 1.3 万公顷，包括现在的湟源县西南大部分土地及海晏、共和、贵德等地一部分土地。

影响丹噶尔命运的两次熬茶布施

在我们考察的过程中，当地学者经常会谈到对丹噶尔发展有深远影响的两次贸易，即清代乾隆年间蒙古族准噶尔部落入藏的两次熬茶布施。丹噶尔是准噶尔人换取入藏物资的贸易地，在这两次贸易中，他们共获得了近20万两白银。

熬茶布施是指在藏传佛教寺庙通过熬茶行为发放布施，布施物中有日用物品和事佛物品，大头是银两发放，喇嘛则为布施者诵经祈福。《清代军机处满文熬茶档》整理出了大量一手档案，让我们得以一窥当年三大族之间如何通过熬茶布施这一佛事行为达成的联盟，带来民间商贸的发达，促进兄弟民族之间的交往。

从准噶尔的政治中心伊犁抵达拉萨，路途非常遥远。熬茶布施是小团队出行，比不得大军作战有专业补给队伍，故熬茶使团进入大清境内，吃喝拉撒就完全仰仗清廷。另一方面，准噶尔部落因为与清廷的连年会战，像肃州、河州这样传统的茶马互市之地时开时闭，在经济上陷入困境，他们需要一个中间地带来完成贸易。所以，熬茶布施不仅仅是一场宗教活动，还是一场贸易活动，今天看起来，贸易的成分还要更大一些。

1741年的第一次熬茶布施，准噶尔来了303人，其中喇嘛有20人。他们带来的贸易品有羊皮、狼皮、狐狸皮、沙狐皮、羚羊角、绿葡萄、瑙砂等等。这是双方第一次在丹噶尔交易，参照的价格以肃州为主，但因为这里当时并非主要贸易集散地，加上清廷招商力度不够，货物贸易前后居然用去了4个月。这次贸易共出售狼皮3 600张，羊皮30 500张，羚羊角、绿葡萄、瑙砂也销售大半，但细皮类因价格过高遇冷。这次贸易，准噶尔人所得银子有105 400两，双方对结果都不满意。

准噶尔人觉得清廷定价偏低，他们说两国为兴黄教逸乐众生而和好，在肃州之地往来贸易四五次，物价大家都熟悉，现在清廷要压价，自己不能接受。这些货物所得，也不是为我们自己，主要是为了赴藏好布施。但清廷认为准噶尔人生性狡诈，你是来熬茶，又不是来贸易，主次不分。双方互相争执，从夏天一直到秋天，错过入藏最好时机。第一次入藏熬茶计划就此夭折，准噶尔人准备打道回府，边臣震惊，因为好不容易得来的机会，就将付诸东流。清廷为此也浪费了大量物力、财力和人力，乾隆不悦，下旨说：如果这是首领噶尔丹策零的主意，我将蔑视这个无信用之人。

贸易期间，熬茶也在丹噶尔区域进行，东科尔寺、匝藏寺和塔尔寺都是他们的目标寺院。他们所请求的扎西车里寺，远在黄河边不说，还靠近蒙古游牧区域，被拒绝。今天看来，这场以宗教名义进行的贸易不过是一种试探，却为丹噶尔的贸易发展奠定了基础，这是丹噶尔之幸。

第二次熬茶布施，抵达丹噶尔的人数还是 303 人。因为要筹备银两与哈达，故先有一半人员前来贸易。双方都吸取教训，这个贸易只用了 1 个月时间就完成了。这一次并未带羚羊角、葡萄、瑙砂这些货物，只带了皮毛来，但量不少，有 20 万张，外加骆驼 1 800 只，马 2 300 匹，羊 2 800 只。清廷也把西宁的商贾邀请到丹噶尔贸易，并上调了贸易价格，这次成交额约七万八千余两。在塔尔寺、东科寺等地熬茶布施后，他们踏上南下西藏之旅。在西藏境内各大小寺院熬茶布施，准噶尔人共花掉黄金 436 两，白银约 166 708 两，还不算那些布施出去的物品。而清廷为了保证熬茶布施的安全进行，动用了上万人参与，开销不低于 70 万两白银。

这两次熬茶贸易对丹噶尔的影响深远。尽管丹噶尔地处交通要道，但毕竟地处偏远之地，人口稀少，消费能力并不强。第一次贸易中，准噶尔人留下来的葡萄、羊角、瑙砂等，再售就遇到很大困难，又不是生活必需品，只好运往陕、甘两地贩卖，还是出现积货如山的窘状。贸易虽然出现亏损，但也让许多人看到丹噶尔的发展前景。第二次熬茶贸易后，贸易集散地的地理优势更是让丹噶尔人口大增，乾隆九年（公元 1744 年），西宁设简缺主簿一员，驻扎丹噶尔，丹噶尔一跃为区域内商贸与政治中心。经过数代发展，道光九年（公元 1829 年），清廷在这里设立丹噶尔厅，原西宁县驻丹噶尔主簿升格为抚边同知。

《丹噶尔厅志》说，从兰州运来的茶，每年约万余封，大半销于"蒙番"，"每封现价二两，共银二万两"。筐所盛的为黄茶，砖茶则是川字号无封的。"番僧蒙番"之间，都是私下交易，官方很难查办。有许多砖茶，并没有直接兑换成银子，而是以物易物。

茶叶是硬通货，在这里可以充当一般等价物。以茶换马的古老传统延续到近代，《青海茶叶》一书说，1937 年至 1946 年茯砖茶 8 封可以换马 1 匹，3 封可以换羊毛 1 担，1 封可以换大白羊皮 7 张，小白羊皮 14 张。有茶，可以换到任何你想换到的东西，牧民用青海盐、用皮毛同样可以换到他们需要的茶叶、面粉或其他物资。

现在我们把由茶的传播、贸易与消费所形成古道统称为茶马古道，并以申报遗产的形式加以保护，是因为古道见证了华夏大地各族人民在生活中创造的物质与精神财富，它不应该在推土机的碾压下消亡殆尽。

磨平时间的缓慢生长

我们驰骋在昔日的茶马古道上，西宁至格尔木的火车则从左边擦肩而过，不远处是通往青海湖的高速公路，飞机在上空轰鸣，湟水河则从这里一直往东奔流。途经青海的湟中、西宁，之后来到甘肃兰州，我们一头钻进黄河洗涮出的这一片河湟谷地。一路上，人类发明的各种交通工具举目可见。

　　用具体的时间来描述这条古道，会显得苍白乏力。我们的意思是，在许多古道已经沦为废墟、丧失活力后，用"一千多年以来"这样词语限定它，是否显得太轻描淡写？我们叫它茶马古道也好，叫它唐蕃古道也好，都不足以描述出其最伟大或最微不足道的一面。它存在的价值，恰恰在于它磨平并超越了时间，按照自己的节律缓慢生长。无论是人、动物，还是火车、汽车、飞机，经过这里都是收敛、节制、缓慢的。

　　唐代文成公主入藏花费了 3 年的时间，清代乾隆大将福安康率领急行军入藏花了 50 天，晚清的"湘西王"陈渠珍也用了 3 年时间才从西藏跋涉到湟源，而当代修建青藏铁路整整用去了 50 年光阴。

　　然而，生活在一个"快"的时代，昔年茶马古道上的"慢"，如今被一个叫"日新月异"的词语所取代。从西宁出发，可能连一个故事都没有听完，就抵达了新修复的丹噶尔古城。

　　2007 年开始修复丹噶尔古城，2009 年 5 月面向公众开放。2009 年 12 月，我们因为考察西北境内的茶马古道，一路从西安、兰州、西宁披星戴月地奔赴至此。之后，在为国家文物局委托的项目"茶马古道文化线路研究"中，我们为丹噶尔浓重地添上一笔，下笔的核心是，"丹噶尔是茶马古道上的重镇"。

二、青海湖边的茶会

　　那一夜我摇动所有的经筒，不为超度，只为触摸你的指尖

　　那一年磕长头在山路，不为觐见，只为贴着你的温暖

　　那一世转山，不为修来世，只为途中与你相见

因为仓央嘉措，青海湖成为一个诗与情的圣地。近年来，这里已经举办过两次青海湖国际诗会。在王云浩和唐教授的带领下，我们来到青海湖边的甲乙寺。习惯了即便是冬天也能看到漫山遍野绿叶红花的南方人，看到青海光秃秃的山确实会留下荒凉的印象。那些到过云南的青海人，说得最多的也是云南茂盛的草木。

人与环境的相互交融

从云贵高原的滇池边到青藏高原的青海湖畔，海拔平均上升了1 000米，空气变得稀薄，紫外线也更加强烈，植物生长变得异常艰难。在这里，徒步慢走都是一件非常耗费体力的事情，但一路上遇到最多的人，还是朝拜磕长头的人。想起一位上师说，那些磕头朝拜的人，并非只是事佛。他们五体投地，拥抱大地、宇宙的每一个分子，体会来自泥土、空气与大地的每一个秘密。磕长头还有一层意思：他们用躯体覆盖飞扬和地面的浮尘，带给别人洁净。

人的选择，与所处环境有很大关系，慢慢就形成了某种独特的习俗、风气与心灵。带着理解大地、河流、草木与动物的渴望，我们来到了甲乙寺。甲乙寺最耀眼的建筑，是一尊高28米的未来佛像，在穿破乌云而洒落的余晖下，显得金碧辉煌，庄严神圣。当地人说，佛像铸成后，青海湖水大涨了一次，而上次涨水还是50年前的事情。佛像的身后，是隆堡赛庆神山，此时山中的河流已结冰，白皑皑一片，雪域高原满地祥和。

在寺院门口，笑意盎然的年轻活佛在此等候。扎巴活佛为我们戴上黄色的哈达，我们则把景谷茶厂生产的心脏形紧压沱茶送给他。他问："这是班禅所喝的那种贡茶么？"我们点头。活佛握着沱茶的柄，又笑笑说："是有点像蘑菇哦！"青海不容易喝到云南的普洱茶，这里主要是喝湖南的砖茶。唐教授说，青海一带，把沱茶称为"窝窝茶"，沱茶只有少量会抵达青海，也只是达官贵人和寺院高僧能够享用到。2009 年，我们第一次青海之行，随身带着的沱茶远远比砖茶受欢迎。送给当地人，他们把玩一番后，都迅速装进外衣的贴身口袋。3 年后，我们在唐教授家又看到昔日送出的茶。问他怎么不喝掉？见多识广的他居然喃喃道："舍不得啊。"

普洱茶中"班禅沱茶"这个特有的称谓，源自为班禅特别制作的茶，其形类似心脏，更像破土而出的蘑菇，原料精细，制作上乘。1960 年，新投入使用的景谷茶厂就专门负责生产"宝焰牌"紧压茶，靠手工和半机械加工为省里提供边销产品。那个年代，选什么都是中央决定，云南大叶种茶区以景谷茶样为收购标准样配发各地，为的是稳定藏区。

茶容易得到，喝陈茶的人就少了

互赠礼物后，扎巴活佛把我们领到屋内。待客的佛堂，早备下了饮食：酥油、羊肉、糌粑、曲拉、砖茶，等等。王云浩打趣说，他老远就闻到院内飘出的手抓羊肉的香味。而我们两个外地人，则是闻着茶香而来。藏传佛教的饮食，与汉地寺院迥异，这里并不忌荤食。

于是，我们就效仿他们，吃一回游牧风格的饮食。先用刀子割下羊肉大口咀嚼，这个我们很适应，也不用担心消化不良——茶水就很管用。茶水喝到快接近杯底时，再往碗里放点酥油、补上热茶、加入炒面，然后用手把面粉搅拌成湿润面团送往嘴里，吃着吃着，又发现需要喝水。

是的，整个过程就是进食与喝茶的过程，没有蔬菜，没有水果，茶叶是唯一绿色的食物。古代的青藏高原，比今天更难获取蔬菜与水果，茶就是他们获取绿色营养的唯一途径。也难怪藏民会说，"茶是血，茶是肉，茶是生命"。

活佛介绍说，甲乙寺1984年才创建，创建者叫岗日堪卓玛，意为"雪山空行母"，是位女活佛。寺院历史虽然并不悠久，但随着青海旅游业的升温，来青海湖的人都会到寺院造访。他感慨说，现在寺院已经没有专门的茶房了，以前的储物房，茶叶储备超过70%，因为不易得。信众得到茶，来寺院的时候会进奉。"现代交通和通讯都发达了，茶叶容易得到，大家都没有了储藏观念，所以喝陈茶的人少了。"活佛说道："还有一个原因，现在寺院人也少了，我们最多的时候才有四十多人，平常不过十来个僧人，以前寺院是学习的地方，现在有专门的学校，人员分流了。"

在古代，具备储茶条件的，只有寺院、茶马司和大户人家。现在寺院储藏锐减，茶马司消失，或许只有在大户人家才能看到大量的储藏。

砖茶为什么比普洱更加流行？

交通方式、沟通方式、教育方式、储藏方式都发生了变化，但人的味觉却似乎一直不变，尽管出现了许多替代品，但对于青海一带的民众而言，喝砖茶的习惯是丢不掉的。活佛为我们泡的茶，是湖南益阳的砖茶。茶放在一个大茶壶里，饮茶的方法与今天的饭馆已经没有什么差别。

说到云南茶与湖南茶的区别，活佛有自己的见解。"除了地理上的阻隔外，还有一个原因，就是普洱茶性凉，我们喝了胃寒，湖南砖茶则温和得多。"听到这里我们本想插嘴，说云南也有熟茶。但活佛接着说的话，更好地解释了砖茶流行的原因："再有嘛，就是砖茶形态上看起来大啊，很受用，很少的钱买一大块，划算。也符合游牧民族的性格，大碗喝酒，大口吃肉。"

相较云南普洱，湖南产的砖茶在青海更为流行，一方面是因为砖茶大，但另一方面，也是更重要的，砖茶更为便宜。图为我们在甲乙寺与活佛一起鉴赏砖茶。

我们在青海的问茶中了解到，云南茶与湖南茶的性价比是一个突出的问题。同样是边销茶，因为用料和地理上的远近，价差很大。青海的 1 位税务部门官员说，1982 年，他还在牧区工作期间，1 个月的工资是 72 元，3 斤重的湖南茶卖 2.5 元，够一家人喝两个月。但云南沱茶，1 个 250 克的却要 5 毛钱，同样重量的茶，贵了 5 毛，喝起来不划算。"二三十年前，云南茶还很少，我们接触到的云南茶，都是仓库积压下来的，还是降过价的，要是新茶，估计更贵。现在普洱茶陈茶热了，回头想才知道当时是多么珍贵的茶，我们却拿来泡在水壶里喝。那个时候，有点地位的人，都受龙井茶的影响，都以为茶要喝新的才好。"

三、塔尔寺：信仰创造的奇迹

寺院与城镇发展的关系，丹噶尔与东科尔寺是一例，而鲁沙尔镇与塔尔寺是另一例。其实在青海，这种以寺院为核心发展起来的城镇为数不少，有隆务镇与隆务镇寺、结古镇与结古寺……从寺到商，因商而聚邑。

宗喀巴大师的故事

我们要去的塔尔寺，距离西宁不过 25 公里，是许多游客抵达西宁后造访的第一站。说来惭愧，我第一次体验塔尔寺，是在一款叫"墨香"的韩国网络游戏里。这里不仅充斥着难缠的怪物，还有诸多杀气腾腾的对手。一不留神，几个小时累积的经验就会掉得一无所剩，于是升级、复仇成为 2004 年夜晚所有故事的核心。熬夜、宵夜，加上长期不运动，我两个月内从 57 公斤飙升到 80 公斤，成为别人口中"多看一眼就觉得堵"的胖子。颇具讽刺意味的是，除去这些累赘，我居然花掉了1年的时间。那些用来减肥的普洱茶熟茶，重量远远超过了我的体重。而想当年，怪物身上掉落的，除了装备，就有不值钱的茶叶。

游戏之外的塔尔寺，有诸多耐人寻味之处。最初这里不过是由一堆石头码出来的小佛塔，但其后经过两百多年的发展，成为了占地六百余亩的青海第一大寺院。当地人说，这是信仰创造的奇迹。

黄教创始人宗喀巴青年时代离开青海赴藏研习佛法，一去经年。年迈的母亲香萨阿切思儿心切，剪下自己的一束白发托人带到西藏，希望儿子能回家一晤。宗喀巴同样思念在家的亲人，然佛业未成，只好同样捎给家人一个随身物件。他捎回家的是什么呢？是用自己的鼻血绘制的自画像和狮子吼佛像。他在信中写道："在我出生地点用十万狮子吼佛像和菩提树为胎藏，修建一座佛塔，就如同和我见面一样。"1379年，其母与众信徒按宗喀巴的意愿，用石片砌成1座简单的莲聚塔，这是塔尔寺最早的建筑物。1577年，在此塔旁建了1座明制汉式佛殿。由于先有塔后有寺，这里的人便将二者合称为塔尔寺。

大茶房的秘密

一路都有磕着长头到塔尔寺朝拜的人，以其他方式前来的信众就更多了。寺院周边卖特色产品的人也不少，几乎每走上两三步就会有人上来推销商品。为我们做讲解员的，是在镇上当过兵的西安小伙，水准不在专业导游之下。"平日常听到塔尔寺的故事，自己也买了一些介绍塔尔寺的专业书籍，这些年为朋友们省下了不少导游费。"在这个小镇上，几乎人人都是导游，连小孩子都能说出个一二三。

塔尔寺看点很多，2009年第一次来，我们花了一整天来游览，学着在幽暗的僧房里，怎么找角度欣赏酥油花，也学着去适应酥油燃烧后，夹杂着牛羊膻膻味道的空气。但这次，我们要探访的却是不对公众开放的大茶房。看守的喇嘛多次拒绝了我们的请求。眼看计划又要泡汤的时候，王云浩发出一声惊呼，我们顺着他的指引看去，那人不正是我们昨天在青海湖边拜见的扎巴活佛么？大家一阵雀跃，跑过去问寒问暖。最后在活佛的协调下，我们得以进入参观。

门口的告示牌说，大茶房藏语俗称"嘉康饮莫"，建于康熙二十八年（公元1689年），建筑面积为448平方米，全寺僧人举行诵经、法会等集体佛事活动时，煮"芒加"（斋茶）"头巴"（斋饭）的地方。

倘若不是事先在青海民族大学博物馆看到过大铜锅实物，忽然第一眼看到这么个庞然大物，一定会被其超容量的体积震惊，而不会想到其饮食的用途。最大的3口大铜锅摆放在茶房的正中间，官方提供的数据是直径2.6米、深1.3米，锅身上刻有"八宝"花纹图案。

1897年，为了解决寺院僧人的吃饭问题，塔尔寺请鲁沙尔镇名匠王守礼来锻造一口特大铜锅。王守礼琢磨工艺，也经历过失败，最终花了6个月时间，才完成了这一艺术品。而之前的相对小的铜锅，是从四川松潘长途运来的。

中间3口大锅左右两边还有相对小的4口铜锅，其中最小的1口锅直径1.65米，深0.9米。明明有7口锅，不知何故，所有的介绍上都只说是5口。

塔尔寺是藏传佛教黄教的圣地，与事茶有关的物件尚有许多。茶房最右边的铜锅上堆码着上百块茶砖，大部分是新茶。茶架上则倒挂着几十把木质多穆壶，20个左右的木质盛茶桶被塑料纸掩盖着，稍不留心就会错过。多穆壶本是藏族民间使用之物，但进入清廷皇宫后化身为"金茶桶""银茶桶"，成为皇帝嫁女，或赠送蒙古贵族、寺院高僧的重要礼品。

茶房里烧火的燃料是煤炭。在外厨房的铁皮桶上，红油漆刷着"E"字，唐教授说，这是藏语里"茶"的意思，发音为"jia"，对应汉语里对茶的另一种古老称呼"槚"。据我们的朋友杨海潮考证，这个"槚"应该是来自滇川藏交汇地的某种少数民族语言。因为云南是茶的原产地，故在西南学界，也存在"china"是指茶的说法。1940年代，史学家任乃强提出过"china"一词也有可能来源于西方人对"茶"的音译的观点。"茶马古道六君子"之一、藏学家王晓松从茶马古道上民族语言的比较角度进一步说，藏语称呼茶为"jia"，招呼人喝茶叫"甲统"，至今把汉族叫"甲米"——产茶或贩茶的人，把产茶的地方称为"甲拉"，这个发音，与"china"很接近。

三人行，必有饮茶者，也必有与茶相关的话题，何况我们一行4人，都从事与茶有关的职业？讨论茶叶与中华民族认同的关系，也是题中应有之义。

塔尔寺的大铜锅同时熬茶，能够供应一千多人饮用，赶上大法会熬茶布施，茶叶的消耗量惊人。塔尔寺鼎盛时期僧人有3600人，每日的茶叶消耗量也大得惊人。明代青海湖边，四世达赖喇嘛主持的一次布施会上，参与者多达10万人之众，一次就消耗了60万包茶。

乾隆六年（公元1741年）6月，准噶尔人一行抵达丹噶尔后，就来到塔尔寺熬茶布施。《熬茶档》上详细地记录了这一次熬茶布施：

1897 年，鲁沙尔镇名匠王守礼为塔尔寺锻造特大铜锅，直径 2.6 米、深 1.3 米。几口大铜锅同时熬茶，能供应一千多人饮用。如今的大茶房已不对外开放，一般人难得一见。

献佛伞一把、园幡四个、长幡两个；寺院喇嘛念经一日，为燃灯添油，献布彦银一百两。给四名住持喇嘛赞珠克堪布等布彦银十二两、物品一包。给念经喇嘛等，人各布彦银一两，供给银八百一十四两；献给念经噶布楚兰占巴等哈达四百方，给侍奉赞珠克堪布等之喇嘛、办理寺务之尼尔巴等，个人布彦银一两，共给银九十二两；熬茶所用酥油、炒面、青稞、柴薪等物，给布彦银三十两。

奉赞珠克堪布回送准噶尔人西洋锻 1 匹，西洋缣绸 1 匹，蒙古书信 1 封。书信大意是信仰黄教，可以减灾消难，延年益寿，基业发达之类。从送出的西洋布匹来看，塔尔寺当时已经置身于世界贸易体系中。1774 年，英属印度派来调查青海商业的间谍博尔格说，从中原输入到青海最大宗的物品是茶叶与丝绸。10 年后，又一个商业间谍忒涅再到青海的时候，这里居然有了孟加拉的水獭皮。

乾隆八年（公元 1743 年），准噶尔人第二次到塔尔寺熬茶布施，来自《熬茶档》上的记录显示：

念经一日，献出哈达一千零六十八方，供佛燃灯布彦银一两七钱。沙狐皮七张，狼皮一张，给寺院为首喇嘛三人布彦银十四两，念经喇嘛等人各布彦银一两，共贡献出布彦银一千零五十两。给年迈因病未到的喇嘛布彦银三十两，所用柴薪、牛奶、雪水物品布彦银十三两九钱，瞻拜塔尔寺所存达赖衣物出布彦银八十两。

有上千人参与了这场熬茶布施，当时的茶价是每包一两二钱五分。不过，准噶尔人事佛所用之茶，两次都是当地政府提供。

像塔尔寺这样熬茶的大铜锅，西藏寺院里存有不少，五台山也有，估计也与这里是黄教寺院有关。辽宁阜新瑞应寺最大的1口大铜锅直径有4米，一次可煮米一千多公斤，一顿饭烧火所用的秸秆要一千二百多捆才够。锅在日常用途中，更多是解决寺院内部僧众的伙食问题。但大锅却不然，主要是为了向民众布施，藏传佛教里的大型法会，更是需要大锅来熬茶布施众多的僧众。1939年，德国党卫军考察团进入西藏班禅领地扎什伦布寺，恰逢藏历新年，他们拍下了许多熬茶布施的场面，1口大锅熬茶能供应数百人的饮用。

青海与西藏，在清代都不产铜，这些铜都需要外调。乾隆年间，西藏境内的铜居然用光了，就连香格里拉的1.3万斤铜也都运去做熬茶的大铜锅了，但还是不够，只有向清廷索要铜锅支持。1750年，乾隆下诏要军机妥善办理，从云南运铜入藏。

喇嘛就不能做生意吗？

寺院的茶叶来源，可以归纳为以下几种：（1）僧人家庭供应；（2）用供奉购买；（3）化缘；（4）施主布施，施主一般是以钱给寺院布施，然后由寺院代为购买茶叶，熬茶后再分给僧侣们饮用，也有一些施主是直接给寺院布施茶叶的；（5）政府供给，这也是大头。

云南中甸的松赞林寺和青海玉树的结古寺都拥有马帮，喇嘛亲自参与经营，非常富有。第二次熬茶布施中，蒙古派来的喇嘛因为与清廷官员熬茶使领队玉保就货物问题讨价还价，遭到后者的白眼与讽刺，玉保问喇嘛："经书中，可曾见到喇嘛经商谈价的？你们卖东西，不怕被当地商民耻笑？"

然而玉保错了，他太拘泥于经书所见，而忽略了眼前的一片繁华是如何建立起来的。季羡林考证过商业与佛教传播的关系，我们也可以在海量的史料中钩稽出寺院与商业之关系。塔尔寺所称的"噶尔哇"，其实就是活佛的私人公馆。活佛拥有众多跟班与信民，这是造成塔尔寺内建筑群密集的主要原因。而远方到来的信徒，临寺择居，带来了旅馆业的发达，而寺院和信民的人流也让日用品与事佛用品的商贸发展起来。其中值得关注的是，持续至今的大型庙会，像酥油花节、观经大法会，参与者多达数万人至十几万。

湟中县2013年2月26日发布的旅游数据显示，仅仅在2013年元宵节举办塔尔寺酥油花展当天，塔尔寺及其周边区域就云集了20万人。历史上，来塔尔寺参加庙会的人数，也有多次达到十数万人的规模。

1964年的一份青海民族调查报告说，清以后蒙古族、藏族、土族来塔尔寺朝拜者增多，逐步发展成一个多民族聚居的集镇，在民国后就成为畜产品和民族宗教用品的集散地。善于经营的回族、汉族、藏族通过贩卖商品，家里过得很殷实。塔尔寺的喇嘛也自己经营生意。

1985年出版的《青海土族社会历史调查》显示，许多在塔尔寺做喇嘛的当地人，非常善于经商。他们凑钱自己做生意或帮助活佛做生意，甚至远走北京和五台山，获利颇丰。"三川喇嘛善经商，是驰名青海的。"1949年前，塔尔寺周边有商户140户。

到塔尔寺来的信众，都会自己随身携带茶叶，寺院免费为他们提供开水。门口有酸奶和烧土豆卖，如果能躲过那些一路推销纪念品的小贩，坐在这里吃土豆、喝酸奶，看游人如织，也别有滋味。

四、日月山下的哈拉库图尔城

没有城墙，没有碉堡，只有凛冽的风猎猎作响，让人只想闭眼吸气。站在哈拉库图尔城背后的土墙上，举目尽是冰雪，枯草中有野鸡飞舞，卧冰的小羊像极了黑白熊猫，憨态尽显，平顶屋上有人影晃动。

牧民家的茶放在哪里，你猜猜？

这里适合清唱王洛宾的《在那遥远的地方》，已故诗人昌耀却在他的诗歌《哈拉库图》里写道，"没有一个世人能向我讲述哈拉库图城堡"。唐教授一直提醒我们要注意，不要从土墙上掉下去。日月山就在对面。唐时，一场婚姻、一个茶马互市，结束了这里的汉藏对峙。到了宋代南茶北马的格局依然如此，西北茶马司设立，说明茶叶对当地人生活的改变日益凸显。元代八思巴与忽必烈在这一区域结盟，为蒙藏两大民族交往铺好通衢大道。明代俺答汗与达赖在山海之间追思各自先人，青海人宗喀巴创建的黄教通过蒙、藏两大领袖的推广，缔造了影响至今的格局。经过清朝康、雍、乾三代励精图治，满、藏、蒙庞大的疆域第一次完整地统辖在中央帝国的版图下。

这些故事，不仅湟源学者任玉贵熟稔于胸，就连许多当地的老百姓也了如指掌。2009年，我们第一次来到日月山下的哈拉库图尔城，震惊于这里的古风。一户牧民的门楣上，红纸黑字写着"之子于归"，于是便嚷着要进去讨碗喜茶喝，这一句来自《诗经》的句子，如今在中原大地早已绝迹，大部分人不知其意思为何。"礼失求诸野"，从西北到西南，都有着共性。我们常常会在大理巍山、剑川一带乡村寻到久违的古风，他们把家庭的喜怒哀乐也都写在了门口一幅幅自撰的对联上。

牧民家里的茶，都是湖南的砖茶，粗糙得可看见茶梗和树枝。于我们而言这茶不见得有多好，但于他们来说，却是每日的生活必需品。端到桌上的茶碗，也是缺了口、镉过的青花瓷碗。喝下加过盐巴的砖茶，深藏在发底的冰屑被融化，浑身充溢着暖流。

在胡木匠家，唐教授问我们："你们猜猜他们家的茶放在哪里？"我们回答厨房、客厅都不对。"难道像寺院一样，有专门的茶房不成？"教授和木匠都哈哈大笑，连连摇头。在木匠的带领下，我们来到主人的卧室，茶砖整齐有序地堆放在床头柜里。一家之主的卧室，既是休息之所，亦是一家财富与传家宝的收藏地。茶之金贵，毋须多言。

唐教授是青海的茶文化专家，他去过许多游牧家庭做调查，结论是：砖茶现在虽然易得，但其作为"礼"的象征性一直在延续，一个家庭，拥有茶砖数量的多少，既是家庭财富多寡的象征，亦是家庭地位高低的象征。茶越多，说明其家庭越富裕，地位也显赫。茶在储藏的同时，也在流通，你送多少与被送多少，都取决于你是何等人家。

新砖茶带来的新问题

除了茶，胡木匠还向我们"讨教"书法字画，他从屋里搬出一堆字画，说是从省里找文联的书法大家求来的。我们连称对这个领域没有任何研究。木匠失望道："研究茶难道不用研究这些吗？"我们冷汗马上淌下来，"琴棋书画诗酒茶"，在酒事上我们已经落败了，现在连丢其他5项，只剩下茶事可说。

这里的茶饮方式，也保留着古风。陆羽时代的茶，是要加盐巴的，并非清饮。今天牧民的茶，除了加有盐巴，还加有动物奶、酥油、草果、姜片、花椒、油炸面食等。这取决于个人与家庭的口味，也受时令的影响。比如加辣椒，就是在冬天最冷的时候，可以帮助驱寒；加盐巴却是常态化，尤其待客的时候。当地谚语说："人没钱鬼一般，茶没盐水一般，肉没蒜味一般。"

"青海花儿"唱道："清茶熬成牛血了，茶叶熬成纸了，浑身的白肉想干了，只剩下一口气。""清茶熬成牛血了，奶茶（哈）滚成醋了；双手端碗不接了，哪阿扎得罪你了？"这里把饮茶叫熬茶，熬发音为"孬"。

以茶传情，本是中原传统。"茶礼"这两个词，在古代中国只有一个指向——婚约，据说由茶性不可移和种茶必下籽而引出的"茶礼"，暗喻男女婚约的忠贞不渝以及婚后的多子多福。茶的渗透是无声的，悄然之间，一碗茶就改变了人与人之间的关系。不过，到了明代这个礼数就丢了，茶人许次纾当时就感慨，"中原失礼"。失去的茶礼，在内蒙古、甘肃、青海、新疆、西藏、云南等边疆之地得以保留。

这里的人喜欢喝陈茶，他们认为新茶不好喝。这一消费习惯的形成，可以追溯到西北地区茶叶的运输和储藏方式。南茶北上后，为了方便运输，都被加工成砖样，到了西北后，大批量的茶进入政府的茶马司仓库和寺院的大茶房。明清两代，茶马司每五年清理、抛售一次陈茶，价格便宜，许多百姓大量购茶都是这个时期。寺院的熬茶布施的时间也与陈茶清仓有关，故老百姓消费陈茶是被迫形成的习惯。今天普通百姓长期饮用的茶，都来自湖南益阳。茯砖茶在青海流行，大约归结于晚清湖南人左宗棠在西北推广的"茶柜"制度。

茯茶的"茯"字，据说最初写作"附"，意思就是非正品，次等货。茯砖茶选料多用质地很老的茶叶，加上茶梗与枝叶拼配。陈化后性温，有着独特的营养价值，更有助于帮助消化去腻。茶传播也有尴尬的时候，今天中原大地流行喝陈茶，这个地方却开始喝新茶，而且还喝出问题来——砖茶不适合品新，因为老枝叶含氟高，许多牧民甚至氟中毒，国家正在着手解决这一问题。但要从根本上解决这一问题，还是需要消费者回到自己的传统，把茶叶长期储藏后饮用的习惯继续保留。

这样的边疆茶叶文化，也许是明代大学者解缙最乐意见到的。他曾说，中原最好的东西就是茶，而番人最好的就是马。他赞同明廷茶马互市的国策：茶之于夷人，如同酒醴之于中国，因为茶马贸易，许多夷人也开始学习中国的知识，对中国也有了向慕之心，那么茶的作用就很显然，"夷夏之交，义利之辨，寅宾尚忠信而笃敬，河州固唐虞三代之邦也"。陈渠珍从西藏抵达湟源区域时，也为这里的古风所震惊："余皆汉番杂处。风俗妇女尚饯足，裙下莲步不及三寸。服饰既古，文化尤卑。邻居为私塾，当见一生久读不能成诵，塾师罚之跪，以草圈罩头上，频加筹石，令其跪诵。余见骇然。"

茶不仅仅是一种饮品，还有其他作用，茶在历史中的地位也体现了不同时代观念的变化。如今，随着茶的传播，通过贸易、文化、旅游，各族人民有了更深入的往来。

后记　多少情怀尽在茶中

飞过昆仑，越过阴山，置身这个从未听说的草原腹地，我睡在四子王旗的帐篷里。

早上起来，一百多位"华茶青年"在广阔的内蒙古大草原，布置了各式各样的茶席，有人搬水，有人运器，他拿出普洱，她整理着龙井，好不热闹。茶会开始，四下安静，唯有风和水在沸腾。虽然涉世不深，但每一位"茶青"，都对茶充满敬畏与尊重。此时，浓浓的朝霞印在茶杯上。几位年长的老师眼眶湿润——他们抹了抹眼睛。

此前一周我在西藏，目睹了藏地煮茶的今与昔，在奶茶馆里喝了一壶又一壶，那里远比星巴克热闹。更早之前，我在武夷山绕进了"三坑两涧"，在江西晓起怀念云南的昔归，在勐海小镇注视过那威严寂寞的茶厂大门……我与周重林以茶为中心，结伴而行，来来回回，足迹遍布在大半个中国。而之前我从未想过自己会投身于茶业，更没想到自己会义无反顾地将自己的身份定位于：茶人。

2009 年，我从上海回到故乡云南，选择进入茶业，同时给自己设定了一个期限：两年。时至今日，六年的时间过去了，我却越走越深，越行越远。在这段让人沉迷沦陷的时光中，我长时间地思考着茶叶给中国人带来的独特与神秘，也回顾着百年里茶业在国与民，内与外之间的种种际遇。这里面的故事让人不解，让人轻叹，让人痴迷，让人疯狂。

茶之于中国人，究竟有何意义？在这个时代，我们似乎需要给出比陆羽、赵佶、朱权更进一步的解答。在这个全球化的时代，不仅是历史赋予了我们更多的视角和资料，茶叶也超越其本身上升为图腾，成为中国人赖以栖居、回味的家国味道。在这条路上我越走越珍惜，越走越清醒。我开始明白，那片茶叶之所以吸引中国人长达千年，赖以维系的竟是一种称为"情怀"的东西。

我手机里始终存着一张照片：毕业于巴黎大学的范和均先生和毕业于清华大学的张石诚先生，与一众飒爽青年站在一起，身着西服，胸佩领带，炯炯的目光透射出理想的熊熊火焰。那一年，是1938年，他们在佛海建设了一个致力于农业现代化的茶厂。那一年，民族危亡，他们以茶救国。他们眼神里的坚毅与笃定，每每让我在迷茫的夜里重拾信念。多年以后，吴远之先生跟我说，他原本学飞机设计，之所以愿意彻底投身茶业，也是深深感动于这张照片。一个眼神，流露的是中国茶业的复兴之梦，是那一代人百折不挠的家国情怀。这一刻，茶虽一叶，何其壮哉！

我的祖母出身大理中医世家，我幼时偶有患病，总是一服中药下去就好了。煨药的罐子是陶制的，底部被火熏得乌黑。同样继承中医的父亲告诉我，用这样的罐子煨药，有一种本草的香味，闻得久了，鼻子就能记得住这种味道。祖母尚还走得动时，最爱带我到她的弟弟，也就是我的舅公家。每次过去，老人家拿出同样的陶制小罐子，用烤茶相待。茶叶未必有多好——想必是云南大叶种，投茶入罐，先用火干烤；稍等片刻，茶香飘出，此时注水，一阵烟雾过后茶香更浓。祖母说，这是大理的味道。2011年的一天，我从昆明赶去清华西门旁的大益茶文化国际交流中心授课。刚到机场，家里来电说奶奶身体有些不好，我转身飞奔回家，祖母却已经离我而去。那些罐子、茶叶、烤出的茶汤，是童年的味道，是血缘的记忆，是一代代的承传。这一刻，茶虽一叶，何其温情！

2013年，我来到庐山，和百名茶人一起讨论茶叶与茶业的未来。后来，我与张卫华、王琼、吴军捷、周重林等众多茶界师友一起，发起设立中华茶馆联盟、华茶青年会等全国性茶业联合组织。我们在深夜里开会、讨论、激辩，不论年龄，不论经历。我受大家的关于茶叶的理想所感染，热血澎湃。

在前所未有的历史机遇面前，中国茶业的产业集中度仍然低下，整体行业效率仍然不高。从文化角度来看，茶文化也面临着历史传承的新课题——在全球化与网络化的今天，年轻的"80后""90后"面对海量的饮品，他们的选择里还会有茶吗？一个个问题牵扰着我们的心。

毫无疑问，对于中国茶，当下既是最坏的时代，也是最好的时代；对于中国茶人，这既是不幸，也是幸运。而我们，选择前进，选择改变，选择合作，选择相信。在每一家坚守清茶的中国茶馆里，在每一座守护绿色的中国茶园里，在每一位从我做起的中国茶人心中，都充溢着源于热爱的执着，源于担当的勇气。这一刻，茶虽一叶，何其百味！

我们的情怀，在家国里，生活在味道里。中国古人相信，文章不过是案头的山水，山水就像是地上的文章。我们书写这本书，也希望借由文字，能让更多人相信，江山就在杯中，一片茶叶的故事就能牵连起万里江山。没有这片中国茶叶，我们的版图或与今天大有不同；没有这片中国茶叶，我们的民族或许不会充满相同的记忆；没有这片中国茶叶，我们情感表达或许缺少了重要依托。一杯茶，一片叶子，让我们重新上路，慢慢道来。

在当下，一本茶书的推广发行，非常不易。本书的出版，得益于北京大学出版社资深编辑冯俊文先生的大力支持。他充满热情，极具智慧，采用联合出版的方式，在新书正式发布前，就征集到了二十余名联合出版人，预售数量两万余册，创下了新时代茶类书籍发行的不小奇迹。这些令我深深感佩的联合出版人充满文化情怀，他们的支持使得一本茶书对内走入行业，对外则走向更多的大众。这种大情怀、大格局不仅是温暖作者，更让大家感受到各自对茶叶，对我们的记忆与味道，以及对这片土地深沉的情感。

最后，感谢我的母亲和父亲，感谢所有爱我的亲人、朋友。拥有你们的支持与关爱，是我最大的幸福。

请相信，有茶滋润的灵魂，充满情怀。

是为记。

李乐骏

于昆明弘益茶文化中心

2014 年 7 月 21 日

致　谢

这本《茶叶江山》，从开始写作到完成，我们用了将近一年的时间，出版也耗时将近半年，有太多人需要感谢。

很荣幸能取得法国天地普洱品牌的独家授权，封面采用的、兼具中国传统人文精神又不失国际范儿的图片直接呈现出这本书的灵魂，感谢李琴和海蒂允许我们免费使用，他们的网站是 http://www. the-puer. com。也要特别感谢热心的彭谨薇小姐，2013 年我们在普洱与李琴和海蒂相遇，就是她居中翻译，本次图片授权一事，又蒙她多番热心沟通，才能最终达成愿望。本书收录了为数众多的历史图片，我们要感谢木霁弘、杨海潮、叶嘉、陈泰敏、栗强等诸位师友，他们无私奉献出各自收藏的照片，使得这本书能更丰富、更完整地呈现在大家面前。在寻找图片的过程中，我们发现两张民国时期中研院前辈芮逸夫、勇士衡先生所拍的霁虹桥照片，经台湾地区"中研院"的王明珂院士确认为"中研院"藏品，后经胡其瑞、林素芳二位相助，为我们申请到公益出版的特例，减免部分图片费，虽然最终没有使用，我们仍然心怀感念。感谢北京大学出版社的编辑陈蔼婧，没有她的辛勤工作，这本书稿不会呈现出如此美好的面貌；此外，还需要感谢茶业复兴团队的支离子、李扬、杨静茜、李明诸位，在本书的图片征集和联合出版项目的执行等环节，没有他们的帮助，很难想象我们可以完成如此庞杂的事务，面向大众的众筹项目。我们还要感谢众筹网合伙人李耀辉及执行人阎文哲，以及弘益茶道美学团队的邱丽榕、王垚和北京大学出版社麦田书坊的营销经理陆淑慧。

最后，特别感谢我们热心的联合出版人，因为他们的襄助，我们才得以从一本书出发，进而和整个茶业的各个环节发生关联，发展出一种全新的出版模式。请允许我们在此说出他们的名字：

51普洱网　吕建锋

中国问鼎汝瓷　卢赞

江南收藏　聂怀宇

华源茶业　陈大华

云南省古树普洱茶收藏研究会会长　黄小元

中苗会　裴小军

云南拾微堂实业有限公司　夏逢雨

蒙顿茶膏　崔怀刚

杭州泊园茶人服饰有限公司　张卫华

厦门会展金泓信展览有限公司　赖国香

搜搜茶网　黄选明

正兴泰茶叶张总经理　张钰

云南山外山茶叶有限公司　孙志君

巧君茶庄　黄巧君

湖北太极堂品牌运营管理有限公司　白羽

老树坊坊主　张煜东

云南南涧茶厂　周红海

潍坊麦子树水文化传播有限公司　徐灯

普洱红　雷力

宁波益鼎香文化传播有限公司　翁旭君

翡翠王朝　杨牧仁

重庆谈天说地茶艺馆　邹青松

周重林　李乐骏

于昆明

2014 年 9 月 10 日